Martin Rütter

Aggression beim Hund

„Aggression ist ein Teil der Kommunikation eines jeden Hundes, aber auch eines jeden Menschen."

Martin Rütter

KOSMOS

Zu diesem Buch

Das Thema Aggression ist in unserer Gesellschaft sehr negativ besetzt. Was wir alle aber immer wieder vergessen: Aggression ist ein Teil der Kommunikation von jedem Tier, aber auch von jedem Menschen. Sie ist biologisch notwendig und ein ganz normales Verhalten. Die Ursachen von gesteigerter Aggression sind meistens Unsicherheit, Angst, Stress oder Frustration, die aufgrund von ungeklärten Verhältnissen und/oder situationsbedingter Überforderung entstehen.
Wir bei D.O.G.S. erfahren täglich, dass Menschen mit einem Hund, der sein Aggressionspotential auslebt, von der Gesellschaft ausgegrenzt werden. Leider müssen wir auch immer wieder feststellen, dass es nicht nur Aggressionen von Hund zu Mensch gibt, sondern auch von Mensch zu Hund. Diese können dazu führen, dass sich der Hund Menschen gegenüber unsicher, ängstlich, panisch oder auch aggressiv verhält.

Mit Hilfe der Theorien über Aggressionsverhalten und der Kommunikation von Hunden, versucht D.O.G.S. Ursachen zu erkennen, diese an den Menschen weiterzugeben und Trainingsformen individuell abzustimmen.
Unsere Arbeit besteht darin, zwischen Mensch und Hund und zwischen Hund und Mensch zu vermitteln. Unser Ziel ist es, den Menschen zu erklären, warum ihr Hund dieses Verhalten zeigt und wie sie damit umgehen können bzw. wie sie es formen und trainieren und somit kontrollieren können.

Ein Verständnis des Hundes ist wichtig, damit der Mensch lernt, dass aggressives Verhalten in jedem von uns vorhanden ist.

INHALT

Aggression – Derfinition und Ausprägung 6

Ressourcen – Erhalt und Verteidigung 36

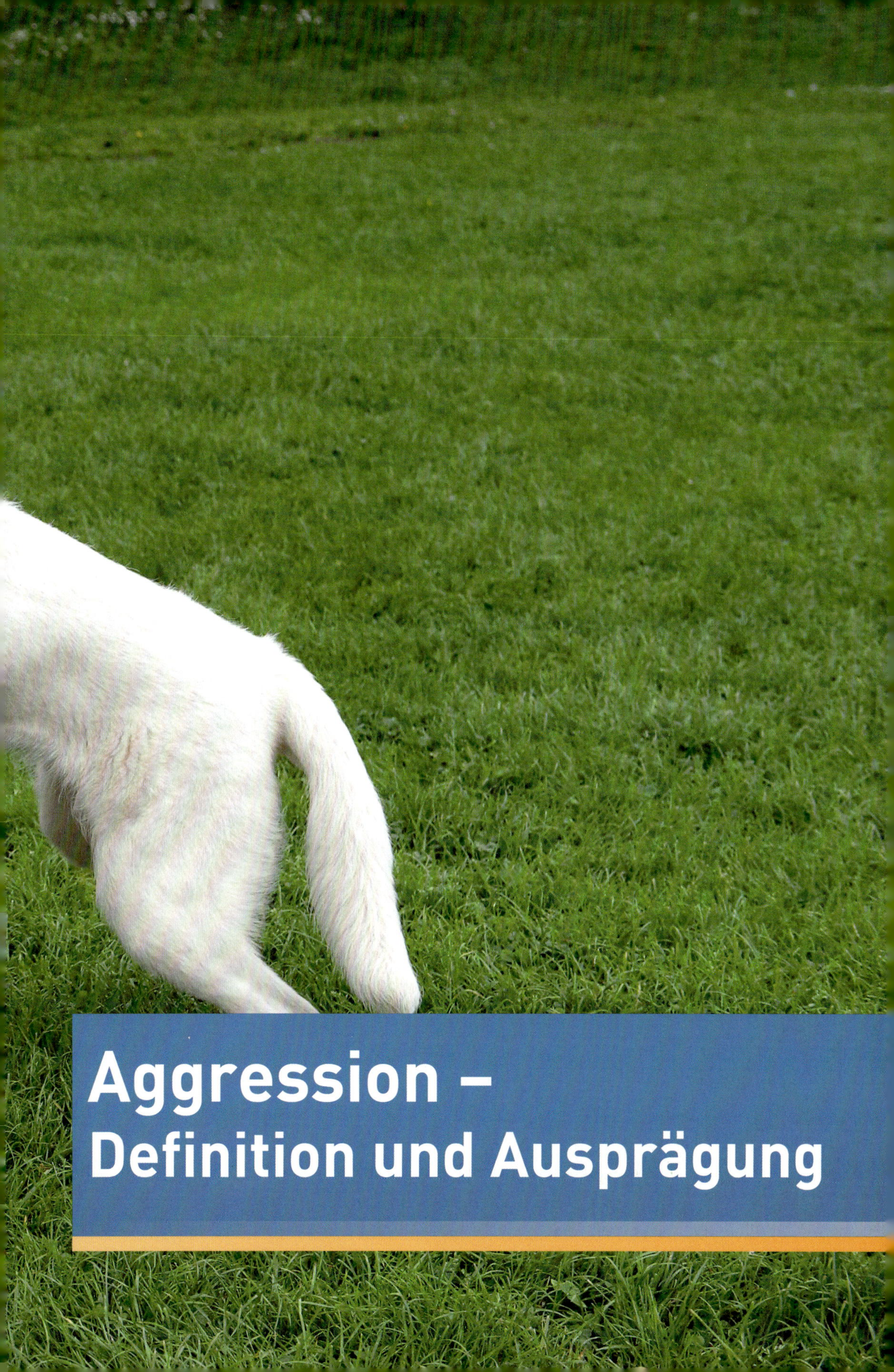

Aggression – Definition und Ausprägung

Allgemeine Definition – was wir Menschen darunter verstehen

Das Wort Aggression wird meist willkürlich benutzt, entweder für „wütend sein" oder für den „gegen jemanden gerichteten" Unmut in Worten und Stimmlagen. Jemand wird als aggressiv bezeichnet, der z. B. zur Frustrationsaggression neigt, Dinge beschädigt, Türen zuschlägt oder seinen Frust am Sozialpartner oder an seinen Freunden auslässt. Aggression kann aber auch versteckt auftauchen, z. B. in der Stimme, wenn ein bestimmter Unterton benutzt wird, um sein Gegenüber zu provozieren.
Wir alle nutzen die verschiedenen Formen von aggressivem Verhalten im Alltag, die dazu dienen, Ressourcen oder Privilegien zu verteidigen, wie z. B. das Vordrängeln beim Einsteigen in einen Zug oder an der Kinokasse, oder auch den Wettstreit um Nahrungsressourcen am Buffet, wenn man z. B. einem anderen Menschen das größte oder letzte Stück Fleisch vor der Nase wegschnappt.

Das menschliche Aggressionsrepertoire

Aggressionsverhalten unterscheidet sich in erster Linie aufgrund der Motivation des Aggressors. Auch wenn die Ausprägung des Verhaltens durchaus gleich ist, kann die Motivation für das Verhalten sowohl beim Menschen als auch beim Hund aus sämtlichen Lebensbereichen kommen. Beispiele aus dem menschlichen Aggressionsrepertoire:

- Territorial motivierte Aggression: Ein Fremder parkt auf einem Privatparkplatz. Der Eigentümer ruft sofort die Polizei und sorgt somit dafür, dass auch dieser Teil seines „Reviers" wieder für ihn alleine zur Verfügung steht.
- Aggression aufgrund von Ressourcen und Privilegien: z. B. Konflikte um den Platz (als Erster an der Reihe beim Winterschlussverkauf). Ressourcenmotivierte Aggression ist auch sehr häufig die Basis von Kriegen (z. B. Irak-Krieg: Öl-Ressourcen).
- Sozial motivierte Formen von Aggression füllen die Yellowpress, gruppenmotivierte Formen von aggressivem Verhalten wie Mobbing oder die Ausgrenzung Andersartiger gehören in der Öffentlichkeit zum Alltag.

Man könnte die Liste ins Unendliche verlängern, denn Aggressionsverhalten zieht sich durch fast alle Funktionskreise, die unser Leben bestimmen. Wichtig ist: „Aggressionsverhalten kann in vielen Funktionskreisen als Mittel zum Zweck gezeigt werden, stellt aber selbst keinen eigenen Funktionskreis dar." (Schöning, 2008)
Unter Funktionskreisen versteht man „Aktivitäten und Funktionen, die der Erfüllung von Grundbedürfnissen, wie beispielsweise Brutpflege oder Nahrungserwerb, dienen." (Weidt, 1996)

Info

Aggression

Wortursprung

aggredi (lat.) = angreifen, in Angriff nehmen
aggressio (lat.) = Angriff

Definition

„Angriffsverhalten, feindselige Handlung eines Menschen oder eines Tieres als Reaktion auf eine wirkliche oder vermeintliche Minderung der eigenen Macht, mit dem Ziel, die eigene Macht zu steigern oder die Macht des Gegners zu mindern." (Duden)

Aggression gehört zum Leben

Aggression ist ein wichtiger Bestandteil unseres Lebens, z. T. sichert aggressives Verhalten sogar das Überleben, z. B. wenn man sich gegenüber einem Angreifer verteidigen oder aber überlebenswichtige Ressourcen gegenüber Konkurrenten sichern muss. Aggressionsverhalten dient jedoch immer einem bestimmten Zweck innerhalb eines Verhaltenskomplexes und stellt somit ein vollkommen natürliches Verhalten dar. Erst wenn Aggression zum Selbstzweck wird, nimmt sie Formen an, die unter natürlichen Lebensbedingungen nicht vorkommen würden. Zeigt ein Hund also aggressives Verhalten, um z. B. seinen Futternapf, sein Revier oder seinen Sexualpartner zu verteidigen, kann das für die Menschen, die mit diesem Hund zusammenleben, zwar sehr belastend sein und sollte auch durch gezieltes Training abgestellt werden, aber man kann keinesfalls wie von vielen Hundehaltern und -trainern oft formuliert, automatisch von einem gestörten Verhalten sprechen.

Aggression gehört zum normalen Verhaltensrepertoire der Hunde. Der Mensch muss Sorge dafür tragen, dass es für die Umwelt nicht belastend oder gefährlich wird.

Wissenschaftlich – Aggression aus biologischer Sicht

Es gibt verschiedene Definitionen von Aggression und deren Ursachen:

> „Aggression verschafft eine Position der Dominanz und damit einen Freiraum zum Handeln. Der Sieger in einer Auseinandersetzung fördert so seine Eignung auf Kosten des Besiegten. Danach kann man Aggression auch als Konkurrenzverhalten um Fitness begrenzende Ressourcen definieren. (...) Alle Verhaltensweisen, durch die eine solche Dominanzbeziehung erreicht wird, können als aggressiv bezeichnet werden, auch wenn keinerlei physische Beschädigung erfolgt. Der Begriff ist damit funktionell bestimmt, ohne allerdings zu implizieren, dass es sich bei allen Tierarten und bei allen beobachteten Formen der Aggression stets um eine homologe Äußerung handelt." (Eibl-Eibesfeldt, 1999)
Beispiel: Der nicht kastrierte erwachsene Rüde steht imponierend einem Konkurrenten gegenüber. Er fixiert diesen, um seine Vorrechtsposition zu verdeutlichen und den Konkurrenten zu vertreiben.

> „Aggressionsverhalten dient der Schaffung oder Aufrechterhaltung von räumlichen und/oder zeitlichen Distanzierungen und dazu, die eigenen Interessen im Konflikt um Ressourcen obsiegen zu lassen." (Schöning, 2008)
Beispiel: Der Hund steht vor seinem vollen Fressnapf in der Küche und hält die Hundehalter durch Knurren auf Distanz.

> „Aggressiv in diesem Sinne ist jedes Verhalten, das geeignet und darauf ausgerichtet ist, die Fitness eines Konkurrenten zu mindern, indem ihm ein Fitness begrenzendes Gut weggenommen oder vorenthalten wird, das dadurch der Steigerung der Fitness des Aggressors zugute kommt." (Eibl-Eibesfeldt, 1999)
Beispiel: Ein Rüde nimmt dem im gleichen Haushalt lebenden Rüden einen Knochen weg, indem er fixierend auf ihn zugeht und knurrt.

Dieser Hund zeigt territoriale Aggression und verbellt den Eindringling.

Intra- und Interspezifische Aggression

Aggressionen dienen unter anderem dazu, eine räumliche Distanz zum Gegner zu schaffen und sich einen persönlichen Vorteil zu verschaffen. Werden die biologischen Grundbedürfnisse wie z. B. Futter, Wasser, Schlaf, Gesundheit, Sozialkontakt und Fortpflanzung nicht befriedigt, kann sich ein fehlgeleitetes Aggressionsverhalten entwickeln. Dieses kann gegen sich selbst oder durch Frustration gegen ein anderes Objekt oder Lebewesen gerichtet sein. Für jedes Lebewesen ist die Erhaltung und auch die Steigerung der biologischen Grundbedürfnisse (siehe S. 38 ff.) ein Lebensprinzip. Das Erreichen dieser Ziele wird in intra- und interspezifische Aggression unterteilt. Intraspezifische Aggression bedeutet gegen Artgenossen gerichtete und interspezifische Aggression gegen Nicht-Artgenossen gerichtete Aggression.

Intraspezifische / Innerartliche Aggression

- Erhalt / Erweiterung des Territoriums
- Soziale Rudelrangordnung (Bildung exklusiver Verbände wird gefördert, über Rivalenkämpfe werden die Gewinner für die Fortpflanzung herausgefiltert, Verteidigung einer internen Bindung gegenüber Konkurrenz, Erziehung von Jungtieren)
- Fortpflanzung / Erhalt der eigenen Gene
- Erziehung von Jungtieren
- Nahrungserwerb
- Selbstverteidigung / Schadensvermeidung
- Frustabbau

Interspezifische Aggression

- Erhalt / Erweiterung des Territoriums
- Nahrungserwerb
- Selbstverteidigung / Schadensvermeidung
- Frustabbau

Kosten-Nutzen-Rechnung

Die Wichtigkeit einer Ressource, diese zu erlangen oder zu behalten, muss im Gegenzug zu den Chancen abgewogen werden, diese zu verlieren bzw. nicht zu erhalten. Es wird eine Kosten-Nutzen-Rechnung aufgestellt. Das bedeutet, dass der Aggressor die Risiken des Angriffs abwägen muss, ob er also das Risiko einer evtl. Verletzung gegenüber den Chancen und der Wichtigkeit dieser Ressource eingehen will.
Die Bedeutung einer Ressource wird dabei stets individuell bewertet. So kann es sein, dass es um eine objektiv betrachtete Ressource von geringem Wert wie z. B. einen Ball eine ernsthafte Auseinandersetzung gibt, der daneben stehende Futternapf jedoch keines Blickes gewürdigt wird.

Er zeigt deutlich, dass er bereit ist, sein Grundstück zu verteidigen.

Aggression – angeboren oder erlernt

In der Gen- und Verhaltensforschung gibt es immer wieder Untersuchungen an verschiedenen Säugetieren, die eine Klärung über angeborene und erlernte Verhaltensentwicklung bringen sollen. Es lässt sich feststellen, dass es keine völlig angeborenen Merkmale gibt, die Reak-tionsnorm aber vererbt wird. Beim Hund kann sich ein Verhalten auch über interaktive Lernprozesse wie Beobachtungslernen und Gewohnheit entwickeln.

Beispiel: Die Mutter eines Wurfes Welpen ist eine unsichere und auf Menschen schlecht geprägte bzw. schlecht sozialisierte Hündin. In der Zeit zwischen der 4. und 8. Lebenswoche kommen nun Interessenten für die Welpen zu Besuch. Die Hündin schießt schon beim Ertönen der Klingel bellend zur Haustür. Die Besucher werden die ganze Zeit misstrauisch beobachtet und bei jeder schnelleren Bewegung erfolgt eine Scheinattacke durch die Hündin. Die Welpen erleben nun in dieser wichtigen prägenden Zeit das Verhalten der Hündin gegenüber fremden Menschen. Sie erlernen damit das Verhalten der Mutterhündin durch Beobachten sowie Gewohnheit. Inwieweit eine generelle Unsicherheit und dadurch entstehende Aggression bereits durch die Gene der Mutter bei den Welpen veranlagt ist, kann aufgrund der Beeinflussung durch das Zusammenleben mit der Mutter nicht mehr eindeutig abgegrenzt werden.

Amos (rechts) zeigt imponierendes Verhalten. Mit hoch erhobener Rute und nach vorne gerichteten Ohren geht er im Imponiergalopp um Gaia herum. Diese läuft beschwichtigend, mit angelegten Ohren, einen Bogen.

Imponierverhalten – zeigen, wer man ist

Kommunikation hat immer etwas mit einem Absender und einem Adressaten zu tun. Je nachdem, wie souverän oder unsicher der Absender oder Adressat ist bzw. sich verhält, kann schon das Imponieren oder Erscheinen in einem bestimmten Terrain zu aggressiven Auseinandersetzungen führen. Beides kann als eine Provokation aufgefasst werden, muss aber nicht.
Das Imponierverhalten gehört zu den agonistischen Verhaltensweisen. Diese zeigt ein Lebewesen immer nur dann, wenn ein Artgenosse bzw. Sozialpartner das eigene Verhalten stört. Imponierverhalten kann somit als Vorstufe des aggressiven Verhaltens angesehen werden. Auch wenn Imponieren keine direkte Drohung ist, bedeutet es eine Provokation.

Mimik beim Imponieren

- Ohren nach vorne gerichtet
- Kopfhaut angespannt
- Pupillen normal bis klein
- Lefzen gespannt
- Maulspalte kurz

Zum Imponiergehabe gehören

- Markieren mit zum Adressaten gerichteten oder ungerichteten Blick
- Scharren zur Untermalung (mit den Hinterbeinen oder mit allen vier Beinen im Wechsel)
- Gerichtetes Scharren
- Demonstratives Schnuppern
- Steifbeiniges Gehen (Gelenke sind durchgedrückt)
- Imponiertrab, Imponiergalopp
- Gerader Rücken
- Steifbeinig umeinander herumgehen, T-Stellung (der Imponierende formt den Balken)
- Rute wird nach oben getragen, leicht wedelnd, teilweise gerichtetes Wedeln
- Hals steif nach oben
- Kopf waagerecht
- Ohren mehr oder weniger nach vorne gerichtet
- Schnauzenkontrolle oder Analkontrolle
- Ansatz von Kopfauflegen

Imponierverhalten tritt in übersteigerter Form zur Selbstdarstellung bei einem hohen sozialen Status und zur Demonstration eines momentanen Territoriums auf. Es kann auch sexuell motiviert sein, dieses Verhalten findet bei Haushunden unabhängig von der Jahreszeit statt.

Info

Definition Imponieren

„Eindruck machen; Imponiergehabe ist ein Ausdruck zur Demonstration von hohem sozialen Status und Territorialanspruch.“ (Feddersen-Petersen, 2004)

Dies liegt darin begründet, dass Hündinnen – im Gegensatz zum Wolf – mehrmals im Jahr läufig werden. Die Regel ist eine zweimalige Läufigkeit im Jahr, je nach Hund und Rasse kann es aber auch bis zu drei- oder viermal im Jahr zu einer Läufigkeit kommen. Zudem besteht keine Beschränkung auf eine bestimmte Jahreszeit wie es beim Wolf der Fall ist. Hündinnen können zu jedem Zeitpunkt im Jahr läufig werden. Daher gibt es keine Beschränkung des Imponierverhaltens aufgrund sexueller Motivation, wozu neben dem Vertreiben von Konkurrenten auch die Sicherung eines Territoriums sowie das Erstreiten von Ressourcen für das Überleben des Nachwuchses gehört. Wenn also aus der Sicht eines sexuell stark motivierten Haushund-Rüden, ständig potenzielle Sexualpartnerinnen „greifbar" sind, warum nicht dann auch das ganze Jahr durchgängig sexuell imponieren?

Markierverhalten

Das Markierverhalten tritt in Anwesenheit von anderen Hunden oder dort, wo grundsätzlich viele Hunde verkehren, sehr häufig auf – sprich: überall da, wo es Urin- oder Kotmarkierungen und läufige Hündinnen gibt. Es kann auch im Beisein des Menschen häufiger auftreten, als wenn der Hund alleine ist. In diesem Fall kann das Imponierverhalten durchaus auch an den Hundehalter gerichtet sein. Für unsere Hunde existieren zwar äußere Territorien (Aktionsraum), diese können aber kaum erfolgreich verteidigt werden. Keiner kann den markierten Besitzanspruch beachten, denn Hunde können nur begrenzt entscheiden, wie der gemeinsame Spaziergang mit dem Menschen aussieht. Eine geruchliche und optische Überreizung findet statt, die für viele Hunde auch zu Stress führen kann. Die Geste des Markierverhaltens, ohne dass der Hund auch nur den kleinsten Tropfen Urin absetzt, ist ebenfalls ein Ausdruck der Reizüberflutung auf unseren Spazierwegen. Aus meiner Sicht sollte ein solches Verhalten unter keinen Umständen vom Menschen gemaßregelt werden. Ich sehe hier die Menschen in der Pflicht, ihren Hund geistig anders und vor allem intensiver zu beschäftigen, so dass dieser aus der Spirale von Stress wieder herauskommen kann.

Amos markiert mit erhobenem Hinterbein an einen Baum. Sein Blick ist fixierend in Richtung eines Konkurrenten gerichtet.

Verhalten auf dem Spaziergang

Die erste Lerneinheit, die vom Welpen gefordert wird, ist meist die Stubenreinheit. Unsere Hunde leben in der Regel zusammen mit dem Menschen im Haus, sie haben nur selten ständig freien Zugang zu einem Außengelände, auf dem sie sich lösen können. Daher ist es für ein entspanntes Zusammenleben von Mensch und Hund wichtig, dass ein Hund lernt, seine Blase zu kontrollieren und nur dann zu urinieren bzw. zu koten, wenn sein Mensch ihm dazu die Möglichkeit gibt. Häufig sieht ein Spaziergang allerdings dann wie im folgenden Beispiel aus:

Es geht los: Der Spaziergang beginnt …

Kaum haben Frau Singer und Felix die Eingangstür des heimatlichen Grundstückes verlassen, hebt der Rüde am Tor das Bein. „Na sicher, er muss ja auch dringend, war er doch die letzten vier Stunden nicht draußen!" denkt sich Frau Singer. Dann geht es weiter. Bis zum Park, in dem der Hund frei laufen darf, sind es noch einige Hundert Meter. Frau Singer setzt den Spaziergang fort, jedoch kommt sie nicht weit. Nach etwa 50 m schnuppert Felix interessiert am Zaun der Nachbarn, deren Hündin heute nicht im Garten ist. Auch hier hebt er noch einmal das Bein. Und so setzt sich der Weg fort. Für die kurze Strecke brauchen Frau Singer und Felix 10 Minuten, da er immer wieder ausgiebig schnüffeln und das Bein heben will. Frau Singer bleibt dabei immer stehen und wartet, bis

Nach dem Markieren wird imponierend mit erhobener Rute gescharrt.

Felix fertig ist. Schließlich muss er ja anscheinend wirklich! Dass Felix bei den letzten Stellen kaum noch Urin absondert, fällt ihr nicht auf. Für Felix steht das „sich Lösen" kaum im Vordergrund. Er zeigt vielmehr ausgeprägtes Markierverhalten, er uriniert über Markierungen anderer Rüden, um seinen Anspruch auf das Territorium zu verdeutlichen oder auch über die Lösestellen von Hündinnen, um Anspruch auf die Hündin zu erheben. Da sich Frau Singer die ganze Zeit anpasst und stehen bleibt, wenn ihr Rüde schnüffeln oder urinieren will, akzeptiert sie damit indirekt die von Felix gestellten Ansprüche. Das Markieren ist somit nicht nur an Artgenossen gerichtet, sondern auch an Frau Singer.

Richtiges Verhalten mit angeleintem Hund

Natürlich muss ein Hund die Möglichkeit bekommen, sich nach einem längeren Aufenthalt in der Wohnung zu lösen. Hier bietet es sich z. B. an, einen Löseplatz im Garten einzurichten. Dieser sollte sich an einer strategisch unwichtigen Stelle befinden, also nicht direkt im Eingangsbereich oder an der Grenze zu einem Weg. Hat man keine Möglichkeit eines solchen Löseplatzes, sollte man eine ähnlich unstrategische Stelle in unmittelbarer Nähe der Wohnung finden. Der Hund sollte auf keinen Fall die Möglichkeit bekommen, den Eingangsbereich zu markieren. Besonders bei territorial veranlagten Hunden würde damit der scheinbare Besitzanspruch des Hundes hervorgehoben werden und territorial motivierte Aggressionsprobleme wie z. B. das Verbellen von Menschen und Hunden, die am Grundstück entlanggehen, erhöhen. Ein Hund kann also durchaus noch einige Meter laufen, bevor er sich lösen darf. Hat er sich gelöst, setzt der Mensch den Spaziergang weiter fort, ohne besondere Rücksicht auf den Hund zu nehmen. Der Mensch als agierender Part bestimmt nun die Strecke und die Geschwindigkeit, er bleibt nicht andauernd stehen, um auf seinen Hund zu warten. Auch ein unkastrierter Rüde kann lernen, seine Blase zu Beginn des Spaziergangs komplett zu entleeren. Möchte der Hund weitere Stellen markieren, kann man dies vermeiden, indem man um bekannte Markierstellen einen Bogen läuft und dem Hund so die Möglichkeit des Markierens nimmt, oder aber einfach in unvermindertem Tempo weiterläuft.

Freilauf im Park

Im Park angekommen, darf Felix frei laufen. Sofort schnüffelt er sämtliche für ihn interessante Stellen ab, markiert und scharrt danach mit allen vier Pfoten. Frau Singer beachtet er dabei kaum noch. Als diese ihn rufen will, reagiert der Rüde nicht. Er schnüffelt noch ausgiebig zu Ende und erst nach mehrmaligem Rufen dreht er sich gelassen um und schlendert langsam in Richtung Mensch. Felix geht im Freilauf seinem Bedürfnis nach, wichtige Stellen zu kontrollieren und zu markieren. Sein Mensch spielt dabei nur eine untergeordnete Rolle. Die Rufe ignoriert Felix zunächst einmal bewusst. Er beendet seine begonnene Handlung und entscheidet somit selbst, ob und wann er zu seinem Menschen kommt. Das Signal führt er zudem bewusst langsam aus, damit zeigt er deutlich, dass die Ausführung für ihn keine große Rolle spielt.

Richtiges Verhalten beim Freilauf

Sich frei zu bewegen ist ein wichtiges Bedürfnis für einen Hund, das ihm so weit es möglich ist, auch erfüllt werden sollte. Daher darf ein Hund im Freilauf natürlich auch markieren. Ein souveräner Hund ignoriert das Markieren eines anderen Hundes. Und genauso sollte sich auch der Mensch verhalten. Der Spaziergang wird einfach weiter fortgesetzt, ohne dass man seinem Hund dabei Beachtung schenkt. Jedoch sollte ein Freilauf immer wieder einmal mit begrenzten Zeiträumen abwechseln. Dies kann ein zeitweises Laufen an der Leine oder aber auch ein Training wie z. B. eine Suche nach einem versteckten Gegenstand sein. In dieser Zeit muss sich der Hund am Menschen orientieren. Bei der Durchführung von Beschäftigungsformen, die für den jeweiligen Hund spannend sind, lernt der Vierbeiner, dass es sich lohnt, immer auf seinen Menschen zu achten. Ein Hund, der seinen Menschen zunächst noch ignoriert und sich nicht an ihm orientiert, sollte an der Schleppleine geführt werden. So kann er sich nicht entziehen und ein Signal wie z. B. das Herankommen kann über positive Verstärkung, wie z. B. der Gabe eines besonderen Leckerchens oder dem Start eines tollen Spiels, trainiert werden.

Amos geht begeistert auf das Spiel mit Nicole ein. In diesem Moment interessiert ihn seine Umgebung nicht.

1) Amos kommt frontal im Imponiertrab mit erhobenem Kopf, nach vorne gerichteten Ohren und fixierendem Blick über den Nasenrücken auf Quintin zu. Der Golden Rüde senkt beschwichtigend den Blick.

2) Amos versucht durch Schupsen, Aufreiten und Klammern die Bewegung von Quintin einzuschränken.

Begegnung mit anderen Hunden

Frau Singer und Felix sind nun bereits einige Zeit unterwegs, als ihnen ein freilaufender Hund entgegenkommt. Der dazugehörige Mensch befindet sich einige Meter dahinter.

Felix versucht durch sein Imponierverhalten, den entgegenkommenden Hund zu beeindrucken. Hierzu macht er sich groß, geht steif auf allen vier Beinen. Er nimmt den eventuellen Konkurrenten genau ins Visier und verdeutlicht ihm, dass eine Annäherung nicht erwünscht ist. Als sich der Hund trotzdem immer weiter nähert, startet Felix eine Scheinattacke, er läuft in schnellem Tempo auf den anderen Hund zu. Da dieser nicht abdreht und wegläuft, verfällt Felix kurz vor ihm in den Imponiergalopp. Dieser endet mit einem deutlichen Aufstampfen. Da der andere Hund auch hiervon völlig unbeeindruckt ist, wird Felix körperlich und rempelt den Hund an. Diese Aktion ruft beim anderen Hund ebenfalls eine körperliche Reaktion hervor. Die Rempelei geht in ein „Rennspiel" über, bei dem jeder den anderen übertrumpfen möchte. Wie schön die beiden doch miteinander spielen!" denkt Frau Singer in dieser Situation. Doch auch wenn das Rennspiel von den beiden Hunden genutzt wird, eine ernsthafte körperliche Reaktion zu vermeiden, hat es im eigentlichen Sinn nichts mit Spiel zu tun. Vielmehr ist es ein Abchecken der Kräfte und Stärken des Gegners.

Richtiges Verhalten bei der Begegnung

Bei der Begegnung mit anderen Hunden sollte ein stark imponierendes Verhalten vermieden werden. Den entgegenkommenden Hund fixieren, auf ihn zustürmen und ihn dann anrempeln, dies sind Verhaltensweisen, die als Provokation aufgefasst werden können und somit ein aggressives Verhalten zur Folge haben können. Sehr schnell wird aus einer solchen Scheinattacke Ernst. Daher sollten Hunde beim Spaziergang generell nicht aus weiter Entfernung Kontakt miteinander aufnehmen. Die zwangsweise dadurch entstehende Dynamik führt fast immer zu einem Erstkontakt, der für beide Hunde Stress bedeutet.

Eine entspannte Begegnung sieht vielmehr so aus: In dem Augenblick, in dem man einen entgegenkommenden Hund erblickt, ruft man seinen Hund zu sich. Man führt ihn frei bei Fuß – oder zur Absicherung angeleint – neben sich. Damit der Hund den anderen Hund nicht fixieren kann, wird häufiger Blickkontakt eingefordert und entsprechend belohnt. Erst wenn sich der entgegenkommende Hund mit seinem Menschen auf eine kurze Distanz genähert hat, nimmt man Kontakt zum anderen Hundehalter auf. Man bespricht, ob etwas gegen einen Freilauf der beiden Hunde spricht, denn nicht alle Hunde dürfen immer mit anderen Hunden Kontakt haben, sei es, weil sie aggressiv reagieren, oder aber weil sie krank sind, eine Hündin läufig ist, oder der Halter gerade keine Zeit oder Lust auf einen Freilauf hat. Durch diese Kontaktaufnahme lernt der Hund auch, dass sein Mensch derjenige ist, der die Entgegenkommenden sozusagen auf ihre Bedrohlichkeit hin abcheckt. Sind beide Hundehalter mit einer Begegnung einverstanden, bekommen die beiden wartenden Hunde das Signal zum Freilauf. Kommt es nun dennoch zu imponierendem Verhalten, sollten beide Hundehalter reagieren, indem sie sich entspannt wieder voneinander entfernen, bevor sich die Situation aufschaukelt und vom Imponierverhalten in Aggression umschlägt. Noch können beide Hunde sich trennen, ohne „das Gesicht" zu verlieren.

Hunde sollten lernen, sowohl auf der linken als auch auf der rechten Seite bei Fuß zu laufen. Bei Hundebegegnungen kann man seinen Hund dann jederzeit auf der vom entgegenkommenden Hund abgewandten Seite führen.

Drohverhalten – von offensivem und defensivem Drohen

Offensivdrohen (Angriffsdrohen)

Hierbei handelt es sich um eine gerichtete Verhaltensweise, die mit sicherem Auftreten untermauert wird.

Offensive Drohmimik (sicher)

- Ohren mehr nach vorne gerichtet
- Stirn mehr oder weniger in Falten gelegt
- Augen auf das Gegenüber gerichtet (Fixieren)
- Starres Fixieren über den leicht gesenkten Nasenrücken
- Nasenrücken gerunzelt
- Maulspalte geöffnet, die Zähne nur wenig entblößt, vordere Zähne sichtbar
- Die Maulspalte wirkt kurz und rund. (Schon bei leichter Unsicherheit wird die Spalte etwas größer.)

Offensiv drohende Körperhaltung

- Körperhaltung angespannt und aufgerichtet
- Steifbeiniges Gehen (Gelenke sind durchgedrückt)
- Nackenhaare im Schulterbereich eventuell aufgerichtet (T-Stellung, der Imponierende formt den waagerechten Balken des T)
- Rute wird steil nach oben getragen, leichtes Wedeln bzw. Vibrieren der Rutenspitze
- Rute in die Verlängerung des Rückens gezogen, bewegt sich nicht mehr, mit einem kleinen Knick an der Rutenspitze (Bei einer Ringelrute liegt diese fast flach auf dem Rücken.)
- Hals steif nach oben
- Kopf waagerecht, leicht gesenkt

Hier drohen beide Hunde offensiv. Obwohl der Golden liegt, ist seine Schnauze nach unten gerichtet, der Nasenrücken waagrecht.

Offensive Drohlaute

> Tiefe Töne, Brummen
> Knurren
> Kurzes, stoßweises Schnaufen (kann auch Erregung sein)
> Drohbellen, Warnbellen

Verhaltensweisen des offensiven Drohens

> Anschleichen
> Aufstampfen
> Vorstehen
> Über dem Gegner stehen

Defensivdrohen (Abwehrdrohen)

Defensivdrohen bedeutet soziale Unsicherheit, meist auch körperlich ersichtliche Tendenz zum Rückzug. Doch bleibt beim Defensivdrohen ebenso die Bereitschaft nach vorne zu gehen und sich zu verteidigen.

Defensive Drohmimik (unsicher)

> Ohren weit zurückgezogen bzw. angelegt, Ohröffnung ganz geschlossen
> Stirn glatt und ohne Falten
> Augen und Pupillen groß
> Blickkontakt wird vermieden, die Gefahr dabei jedoch nicht aus den Augen gelassen
> Blick über den nach oben gehaltenen Nasenrücken
> Die Zähne sind gebleckt wie beim Angriffsdrohen, je nach Rasse können die Backenzähne und das Zahnfleisch sichtbar werden
> Die Maulspalte wirkt lang und spitz
> Beißen in die Luft (Drohschnappen)

Defensiv drohende Körperhaltung

> Körperhaltung mehr und mehr geduckt, teilweise mit Rundrücken
> Hinterbeine leicht eingeknickt
> Nackenhaare eventuell aufgerichtet
> Rute abgesenkt bzw. zwischen die Beine geklemmt
> Hals eingezogen zwischen die Schulterblätter
> Kopf nach oben gehalten

Defensive Drohlaute

Oft untermalen Hunde den optischen Ausdruck durch Lautäußerungen wie Bellen, Knurren oder Schreien z. B. bei großer Angst, Panik oder Schmerz. Beim Bellen oder Knurren ist der Blick nicht durchgängig fokussiert, gebellt wird mit einer Kopfbewegung von unten nach oben.

Verhaltensweisen des defensiven Drohens

> Abwehrdrohen
> Abwehrschnappen
> Gebissklappern
> Vermischung mit offensivem Verhalten: Vor- und Zurückstoßen

Aggressionsstufen – von Distanzdrohen bis Beschädigung

Ich erlebe es in meinem Alltag sehr häufig, dass Kunden, die von mir die Erläuterung über das aggressive Verhalten ihres Hundes bekommen, mir sofort entgegensetzen: „Herr Rütter, der hat wirklich noch nie gebissen." Dass es bei Aggressionsverhalten aber nicht nur ums Beißen und Beschädigen geht, bzw. dass Aggression biologisch betrachtet viel weiter vorher beginnt, zeigt das Aggressionsstufenmodell von Frau Dr. Dorit Feddersen-Petersen (2004) mehr als deutlich (Schaubild unten). Auf S. 23 möchte ich die einzelnen Stufen nochmals kurz erläutern.

Beschädigung

Stufe 3b:
Ungehemmte Beschädigung
(Beispiele: Beißen, Beißschütteln im Nacken-, Halsbereich bis zur Tötung)

Stufe 3a:
Gehemmte Beschädigung
(Beispiele: Vorstoßen in Bauchraum, seitlich über den Nacken packen und zu Boden werfen, Festhalten ohne Schütteln)

Drohen mit Körperkontaktaufnahme

Stufe 2b:
Körperkontakt mit Einschränkung der Bewegungsfreiheit
(Beispiele: T-Stellung, Kopfauflegen, Aufreiten)

Stufe 2a:
Drohen mit Körperkontakt
(Beispiele: Über-Schnauze-Beißen, gehemmtes Beißen, seitlich Rempeln)

Drohen ohne Körperkontakt

Stufe 1b:
Distanzunterschreitung mit gelegentlichem Körperkontakt
(Beispiele: intentionales Beißen, gehemmtes Beißen, Abwehrschnappen, Weg abschneiden)

Stufe 1a:
Distanzdrohen
(Beispiele: Hinlegen, Fixieren, Zähneblecken)

Stufe 1a: Distanzdrohen

Eine Drohgeste hat die Intention, jemanden oder etwas fernzuhalten, abzuweisen, auf Distanz zu halten. Oft sind Drohgesten aus dem Kampfverhalten nur in ritualisierter Form vorhanden, sie erhalten dadurch eine Signalwirkung. Imponierverhalten kann leicht in Drohverhalten umschwenken, so vermischen sich Imponiergesten mit Drohverhalten, sie sind dann sehr schwer auseinanderzuhalten.

Offensives Drohen – die vorderen Zähne sind entblößt, der Blick fixierend nach vorne gerichtet.

Körpersprache

> Fixieren
> Hinlegen
> Anschleichen
> Aufstampfen
> Zähne blecken

Stufe 1b: Distanzunterschreitung mit gelegentlichem Körperkontakt

Dies sind Verhaltensmuster aus dem Imponiergehabe und dem Distanzdrohen heraus, die, wenn es um den Körperkontakt geht, wie zufällig „aus Versehen“ geschehen.

Körpersprache

> Fixieren und Blickkontakt zum Gegenüber suchen
> Nackenstoß andeuten, leichtes Berühren
> Imponiergalopp ganz nah am Gegenüber (Individualdistanz unterschreiten)
> Stoppen vor dem Gegenüber mit Körperkontakt (Aufstampfen)
> Leichtes Rempeln (Weg abschneiden)
> Kurzes Kopfauflegen/Pfoteauflegen
> T-Stellung
> Gehemmte Beißerei/intentionales Beißen, Abwehrschnappen

Stufe 2a: Drohen mit Körperkontakt

Drohen mit Körperkontakt findet häufig in Situationen statt, die für den Halter spielerisch erscheinen. Trifft der Hund z. B. auf der Hundewiese ständig neue Artgenossen, mit denen er sich auseinandersetzen muss, sieht man häufig raue „Spiele“ mit der Intention, den Gegenspieler aus dem Gleichgewicht zu bringen.

Körpersprache

> Nackenstoß
> Über-die-Schnauze-Beißen
> Kopf auflegen
> Pfote auflegen
> Kurzes Aufreiten
> Seitliches Rempeln
> Frontales Rempeln
> Kommentkampf

Stufe 2b: Körperkontakt mit Einschränkung der Bewegungsfreiheit

Die Einschränkung der Bewegungsfreiheit ist die Vorstufe zu beschädigendem Verhalten. Denn diese Maßnahmen werden oft vom Gegenspieler nicht akzeptiert, so sieht man z. B. bei der T-Stellung zwei sich gegenseitig umkreisende Hunde. Kommt es beim direkten Festhalten zu einer Gegenwehr, ist der Schritt zu beschädigendem Verhalten oft nicht mehr weit.

Körpersprache

> T-Stellung
> Wegabschneiden
> Festhalten von Gliedmaßen mit dem Maul
> Beim Laufen Versuche zu stoppen, im Nacken festzuhalten und zu rempeln
> Auf den Rücken werfen, sich über den Gegner stellen
> Nach unten drücken
> Schieben

Ronja (links vorne) versucht Amos durch seitliches Rempeln und in den Nacken beißen zu stoppen.

Stufe 3a: Gehemmte Beschädigung

Diese Form der Beschädigung wird vom Menschen oft nicht als „ernsthafte" Bedrohung durch den Hund erkannt. Bei der Nachfrage, ob der Hund bereits gebissen hat, erhält der Hundetrainer hier oft die Antwort: „Nein, er hat nur gezwickt!" Genauso wie bei der ungehemmten Beschädigung erfolgt hier aber bereits eine Verletzung des Gegners. Daher ist diese Stufe der Aggression nicht zu unterschätzen. Erfolgt keine Beachtung und Veränderung der Situation, kann das Verhalten des Hundes in eine ungehemmte Beschädigung übergehen!

Körpersprache

> Massives frontales Rempeln (Schwäche nutzen, um sein Gegenüber auf den Boden zu werfen)
> Seitlich über den Nackenbereich packen und zu Boden werfen
> Festhalten vom Gegner ohne Schütteln
> Über dem Gegner stehen, Festhalten im Halsbereich
> Pitschen, zwicken, beißen

Beschädigung

Es wird mit offenem Maul ein Körperteil des Gegners attackiert, dadurch entstehen:

> Blaue Flecken
> Prellungen
> Blutergüsse
> Quetschungen
> Zahneindrücke mit vereinzelten Blutungen (wie durch einen Nagel oder dicken Dorn). Wenn überhaupt, wird nur einmal zugebissen, die Wunde sieht wie getackert aus.

Ronja bringt Amos durch das seitliche Rempeln zu Fall.

Stufe 3b: Ungehemmte Beschädigung

Auch wenn ein Hund ungehemmte Beschädigung zeigt, ist dies nicht sofort ein Grund, ihn einzuschläfern. Dieses Verhalten kann situationsbedingt sein und muss sich nicht zwingend wiederholen. Daher ist eine genaue Klärung der Situation sowie der Ursache des Beißvorfalls unabdingbar! Nur so kann entschieden werden, inwieweit das Verhalten ein einmaliger Vorfall war, der durch umsichtiges Handeln vermieden werden kann bzw. inwieweit das Verhalten durch ein Training korrigiert und ein weiterer Vorfall damit verhindert werden kann.

Körpersprache

> Beißschütteln
> Vehementes, massives Beißen

Beschädigung

> Verletzen mit der Intention, den Gegner zu töten

1) Dieser Briard zeigt offensive Leinenaggression.

2) Er springt vehement in die Leine und würde in dieser Situation ohne Leine auch nachsetzen.

AUS DER PRAXIS – Umgang mit offen aggressiven Hunden

Pino ist ein sechs Jahre alter Briard-Rüde. Familie Traun hat ihn mit etwa einem Jahr aus dem Tierheim übernommen. Über seine Vorgeschichte weiß man leider nicht viel. Die Familie war immer sehr vorsichtig bezüglich des Kontaktes von Pino zu anderen Artgenossen. Es gibt einige Hunde, mit denen er frei laufen darf. Wird er jedoch z. B. an der Leine von einem anderen Hund angebellt, egal ob aggressiv oder nur spielerisch, reagiert er meist mit gesteigert aggressivem Bellen.
Eines Tages kommt Frau Traun und dem angeleinten Pino der frei laufende Jack Russel Terrier Fips aus der Nachbarschaft entgegen. Schon auf früheren Spaziergängen hat Pino dem Terrier gegenüber ein starkes Aggressionsverhalten an der Leine gezeigt. Fips steht Pino in solchen Situationen aber in Nichts nach. Beide springen dann in die Leine und zeigen deutlich offensive ernstzunehmende Aggression. Man kann sagen, dass sich zwischen den beiden Hunden eine richtige Feindschaft entwickelt hat, weshalb beide Halter die Hunde sofort anleinen, wenn sie sich begegnen. An diesem Tag jedoch hat der Halter von Fips Pino zu spät gesehen, alles Rufen half nichts.
Der Terrier lief auf Pino zu und sprang an ihm hoch. Pino zögerte nicht lange, es gab eine Beißerei, bei der später keiner der beiden Menschen mehr sagen konnte, wer damit begonnen hatte. Nach kurzer Zeit konnten die Menschen die beiden Hunde zwar trennen, der Terrier war jedoch so schwer verletzt, dass er wenig später starb.

Pinos Verhalten gegenüber Menschen

Familie Traun war verunsichert – wie sollten sie in Zukunft mit Pino umgehen? Würde er in einer solchen Situation erneut zubeißen und töten? Was war der Grund für seine heftige Aggression? Sind vielleicht nicht nur Hunde, sondern auch Menschen in Gefahr? Und was ist mit den wenigen Hunden, mit denen Pino sich eigentlich verträgt? Sollte man den Kontakt zu ihnen besser ganz unterbinden?
Ein Gespräch mit einem Hundetrainer konnte die Familie erst einmal soweit beruhigen, dass ein plötzlicher Angriff auf Menschen bei Pino

3) Der Rüde versucht ernsthaft zu attackieren; er springt mit beiden Beinen ab.

voraussichtlich nicht zu erwarten ist. Um dies abzuklären, wurde er im Umgang mit seinen Menschen beobachtet. Er zeigte hier aber keinerlei Zeichen von aggressivem Verhalten. Alle Familienmitglieder waren in der Lage, ihn auf seinen Platz zu schicken, ihm Ressourcen wie Futter oder Spielzeug abzunehmen sowie ihn bei Fehlverhalten zu korrigieren.

Pinos Verhalten gegenüber Hunden

Um eine genaue Einschätzung bezüglich des Vorfalls zu erhalten, war es unumgänglich, Pino beim Zusammentreffen mit anderen Hunden zu beobachten. Bei einem solchen Test steht die Sicherheit aller Beteiligten im Vordergrund. Da die Ursache des Verhaltens noch nicht geklärt war, wurde er vorab an einen Maulkorb gewöhnt (siehe S. 29), um eine Gefährdung des Testhundes auszuschließen. Der erste Test fand auf einem für den Rüden neutralen Gelände statt. Er wurde angeleint auf dem Testgelände von Frau Traun geführt, während sich auf dem Nebengelände, das durch einen stabilen Zaun abgetrennt war, ein Helfer mit einem ebenfalls angeleinten Hund näherte. Hierbei zeigte Pino keinerlei Anzeichen von Aggression, weder als sich die Testperson mit Hund seitlich näherte, noch als sie frontal, also deutlich bedrohlicher, auf Pino und Frau Traun zukamen. Auch bei dynamischer Bewegung des Testhundes sowie bei einem Beutespiel mit einem Menschen zeigte Pino außer einem interessierten Blick keine Reaktion. Beide Hunde durften nun frei laufen und interessierten sich nicht füreinander. Daher bekam der Helfer die Anweisung, zusammen mit dem Testhund auf das Gelände zu kommen. Hier zeigten beide Hunde ein kurzes Anal- bzw. Genitalwittern. Als der Testhund dieses bei sich nicht zulassen wollte und Pino kurz fixierte, wendete er sofort den Kopf ab und unterbrach das Verhalten. Dieser Test wurde zunächst mit einer Hündin und dann mit einem Rüden durchgeführt. Beide Testhunde waren sicher im Umgang mit anderen Hunden und zeigten kein aggressives Verhalten. Durch den Test wurde klar, dass Pino nicht generell beabsichtigt, andere Hunde ungehemmt oder gehemmt zu beschädigen. Er kommuniziert klar mit anderen Hunden, setzt gezielt Droh- bzw. Beschwichtigungs-gesten ein und reagiert auf ebensolche.

Test im eigenen Territorium

Es folgte ein weiterer Test in der näheren Umgebung der Wohnung. Pino befand sich mit Frau Traun angeleint auf der Straße unmittelbar vor der Wohnung der Familie. Nun wurden in einem größeren zeitlichen Abstand unterschiedliche Hunde angeleint an ihm und seiner Halterin vorbeigeführt. Anfangs war der Abstand dabei noch groß, später wurde er immer weiter reduziert. Auch hier zeigte Pino keinerlei Reaktion auf die Hunde, auch nicht, als diese sich ungehemmt und dynamisch bewegten. Somit konnte ein territorialer Zusammenhang wie das Verteidigen der Wohnung bzw. das Durchsetzen eines territorialen Anspruchs auf dem Spazierweg ausgeschlossen werden. Auch eine soziale Motivation wie das Verteidigen von Frauchen schied als Ursache für das aggressive Verhalten gegenüber dem Terrier aus. Es gab während des Tests keine Unterschiede in Pinos Reaktion, egal ob Frau oder Herr Traun, die jugendliche Tochter oder ein Fremder ihn an der Leine führten.

Pino wurde abschließend noch einem Tierarzt vorgestellt, der eine Versteifung der Wirbelsäule feststellte. Da eine solche Versteifung mitunter sehr schmerzhaft ist, kann sich dies insbesondere in aggressiven Reaktionen bei dynamischer Berührung äußern. Die ungehemmte Beschädigung des Terriers durch Pino wurde somit als einmalige, natürlich sehr unglücklich verlaufene Begegnung eingestuft. Das Aufeinandertreffen vieler ungünstiger Faktoren wie das aggressive Verhalten des Terriers zuvor, die aufgebaute Frustrationsaggression bei Pino durch die immer wiederkehrende Begegnung mit dem „Erzfeind“, sowie das Anspringen in einem Moment der körperlichen Beeinträchtigung, führten zu dieser heftigen Reaktion. Eine Euthanasie von Pino aufgrund dieses Vorfalles musste daher nicht erfolgen. Um der Familie im Umgang mit dem Rüden wieder Sicherheit zu geben und weitere Beißvorfälle zu verhindern, wurde ihr geraten, Pino dennoch weiterhin ausschließlich mit Maulkorb und durch eine Leine gesichert auszuführen.

Halter können wieder mehr Sicherheit im Umgang mit ihrem Hund bekommen, wenn dieser durch eine lange Leine gesichert wird.

Gewöhnung an den Maulkorb

Generell gilt für jeden Maulkorb, dass er dem Hund wirklich genau passen muss. Der Hund darf sich den Maulkorb nicht durch eine Bewegung mit der Pfote oder aber ein Schubbern mit dem Maul am Boden oder an Gegenständen abstreifen können. Zudem sollte er so sitzen, dass er dem Hund nicht in die Augen drückt und ihn beim Sehen behindert und auch das Atmen ohne Einschränkung ermöglicht. Gerade für ein Training sollte der Maulkorb dem Hund zudem das Aufnehmen von Futter ermöglichen.

Die Auswahl des richtigen Maulkorbes

Maulkörbe gibt es in vielen verschiedenen Ausführungen und Materialien und sie sind dementsprechend für unterschiedliche Situationen geeignet.

Maulkorb aus Nylon

Maulkörbe aus Nylon sind nur für einen kurzfristigen Gebrauch im Notfall geeignet, da das Maul des Hundes hierbei so weit zusammengehalten wird, dass er nicht hecheln kann! Da das Hecheln aber die einzige Möglichkeit für den Hund ist, einen Temperaturausgleich herzustellen, sollte er hierzu immer Gelegenheit haben!
Wenn ein Hund also z. B. Angst vor dem Tierarzt hat und diesen beißen würde, man aber aus gesundheitlichen Gründen kein Training durchführen kann, da der Hund umgehend behandelt werden muss, kann im Notfall ein solcher Maulkorb verwendet werden. Allerdings ist es für den Hund angenehmer, auch hier einen Maulkorb aus Leder oder Metall zu verwenden, da er damit viel mehr Bewegungsfreiheit hat und sich nicht so stark eingeschränkt fühlt, ohne dass dabei aber einen Menschen gefährden kann.

Maulkorb aus Metall, Kunststoff oder Leder

Welches Material man wählt, hängt in der Regel davon ab, aus welchem Material man einen wirklich passenden Maulkorb bekommen kann! Denn das hat vor schönem Aussehen absolute Priorität! Plastikmaulkörbe gehen schneller kaputt, bei Metallmaulkörben muss man auf den guten Sitz des Maulkorbes achten. Der Hund soll nicht durch eine scheuernde Stelle mit dem Maulkorb etwas Negatives, nämlich Schmerzen, verknüpfen! Zudem kann es bei einer Konfrontation mit einem anderen Hund zu Verletzungen kommen, wenn der Hund den Gegner z. B. mit dem Maulkorb zu Boden drückt. Den größten Tragekomfort haben in der Regel Maulkörbe aus Leder, diese können beim Schuster auch individuell angepasst werden! Allerdings sollten diese so genau sitzen, dass der Hund nicht doch noch durch eine Lücke mit den vorderen Zähnen zubeißen kann!

Gewöhnung an den Maulkorb

Ein Hund muss immer an den Maulkorb gewöhnt werden, bevor ein gezieltes Training aufgebaut werden kann. Er darf sich des Maulkorbes nicht mehr bewusst sein und muss ihn so tragen, wie ein Mensch eine Uhr oder eine Brille trägt. Der Maulkorb muss zum Spaziergang genauso selbstverständlich dazugehören wie z. B. das Halsband oder das Geschirr des Hundes. Versucht ein Hund andauernd, den Maulkorb am Boden oder z. B. am Bein des Besitzers abzustreifen, ist noch keine vollständige Gewöhnung erfolgt.
Die Gewöhnung an den Maulkorb erfolgt in kleinen Schritten. Für das Training eignen sich kleine Futterstücke, die der Hund gerne mag, die aber nicht durch den Maulkorb durchfallen. Als erstes darf der Hund den Maulkorb in Ruhe betrachten und beschnüffeln. Dann legt man ein Futterstück in den Maulkorb und lässt es den Hund herausholen. Zeigt er dabei keine Angst, kann man ihm durch den Korb weitere Futterstücke zustecken. Hierfür muss man vorab eine Öffnung im Maulkorb vorsehen. Bei Leder- oder Metallmaulkörben kann man das Futter in der Regel durch den Zwischenraum der einzelnen Streben schieben, bei einem Plastikmaulkorb ist dagegen der Abstand zwischen den Streben

1) Ronja wird an den Maulkorb gewöhnt.

2) Sie darf Futterstücke aus dem Maulkorb fressen, die ihr von unten gereicht werden.

1

2

oft sehr klein, so dass hier ein Stück herausgenommen werden muss. Der Maulkorb darf dadurch aber nicht in seiner Funktion und Stabilität beeinträchtigt werden.

Der Maulkorb wird geschlossen

In einem nächsten Schritt schließt man nun die Schnalle des Maulkorbes hinter den Ohren des Hundes. Der Hund bekommt wieder eine Belohnung und der Maulkorb wird danach sofort wieder geöffnet und abgenommen. Nach einigen Wiederholungen bleibt er für einen immer längeren Zeitraum geschlossen, der Hund muss in dieser Zeit aber beschäftigt werden. Viele Menschen machen den Fehler und geben dem Hund nach dem Ablegen des Maulkorbes noch ein Leckerchen. Auf diese Weise bleiben die meisten Hunde natürlich bestrebt, den Maulkorb loszuwerden, denn dann gibt es ja immer das gute Leckerchen. Man kann nun dazu übergehen, kleinere Übungen wie z. B. „Sitz" oder „Gib Pfötchen" durchzuführen. Dies führt dazu, dass der Hund das An-legen des Maulkorbes mit einer positiven Beschäftigung verbindet und sich so bereits beim Anlegen auf die kommende Aktion freut. Der Maulkorb selbst wird dadurch positiv belegt. Über die Beschäftigung vergisst der Hund den Maulkorb und das ungewohnte Gefühl normalisiert sich mit der Zeit.

Gewöhnung im Alltag

In einem letzten Schritt soll der Maulkorb nun für den Hund etwas Alltägliches werden. Daher wird er nun angelegt, wenn es nach draußen auf einen Spaziergang geht. Hier kann der Hund durch das Erschnüffeln von Spuren vom Maulkorb abgelenkt werden. Ein gelegentlicher Versuch, den Maulkorb abzustreifen, darf an dieser Stelle auch durch den Menschen verbal korrigiert werden. Beim Zurückkehren vom Spaziergang, lässt man den Hund den Maulkorb auch innerhalb der Wohnung tragen, ohne dass eine spannende Ablenkung erfolgt. Trägt der Hund den Maulkorb auch hier ohne den Versuch ihn abzustreifen, ist er ausreichend daran gewöhnt. Die Gewöhnung an den Maulkorb ist bei regelmäßigem Training innerhalb von zwei bis vier Wochen durchführbar!

3) Der Maulkorb wird kurz geschlossen und dann wieder abgesetzt.

4) Nach einigen Wiederholungen trägt Ronja den Maulkorb entspannt.

3

4

Aggressionsformen – gegen Menschen gerichtet

Defensiv aggressives Bellen mit weit nach hinten gebogenem Kopf.

Gründe, Situationen und Ursachen von Hund-Mensch-Aggressionen sind häufig dieselben wie von Hund-Hund-Aggressionen, also z. B. Ressourcen, Privilegien, Territorium, Rudelrangordnung, sozialpartnerschaftliche Aggressionen oder Beuteaggression. Auch wird das ganze Spektrum der Kommunikation wie es unter Hunden üblich ist, gezeigt: alle Abstufungen vom Drohen, Fixieren, Andeuten eines Nackenstoßes, Kopfauflegen usw. Die Entwicklung der aggressiven Verhaltensweisen verläuft oft schleichend, tritt für die meisten Hundehalter aber „plötzlich" auf, nämlich dann, wenn der Hund gehemmt oder ungehemmt beschädigt hat. Doch in der Kommunikation von Hunden ist das die letzte Instanz. Vorher werden alle möglichen Signale ausgesendet, jedoch von den Haltern meist nicht erkannt, nicht gesehen und somit auch nicht gestoppt. Korrigiert ein Hund z. B. Kinder beim Spielen, rempelt oder springt sie an und ist somit aus Hundesicht erzieherisch tätig, wird dies vom Hundehalter oft nicht als aggressives Verhalten eingestuft. Wird dann aber ein Kind „plötzlich" vom Hund gebissen, ist das Entsetzen groß. In den allermeisten Fällen wurden auch hier die Vorzeichen nicht gesehen, nämlich, dass der Hund das Kind bereits zuvor weggeknurrt, es verbellt und in die Luft geschnappt hat, bevor es schließlich zum Biss kam. Hier sind ganz klar die Eltern gefragt, die ihrer Aufsichtspflicht nachkommen müssen (siehe S. 105 ff.).

Beißvorfälle und Hundegesetze

Kommt es zu Beißvorfällen, muss immer auch der biologisch funktionale Hintergrund gesucht werden, bevor man nach krankhaften Formen irgendeiner Art sucht oder von einer Störung spricht. Seit dem Vorfall in Hamburg, bei dem ein Junge von zwei „Kampfhunden" attackiert wurde und an den Folgen gestorben ist, kamen in den letzten Jahren sehr viele Fälle von „aggressiven" Hunden über die Medien an die Öffentlichkeit. Dies führte einerseits sicher zu einem bewussteren Umgang mit dem Hund, andererseits aber auch zu Hysterie, Ausgrenzung verschiedener Rassen und deren Menschen sowie voreiligen Gesetzen für die Hundehaltung. Viel sinnvoller erscheint hier die Einführung eines Hundeführerscheins, bei dem Hundehalter bereits vor der Anschaffung eines Hundes durch professionelle Hundetrainer alles über die Bedürfnisse und Verhaltensweisen eines Hundes lernen.

Sozialpartner Mensch

Hunde kommunizieren mit uns Menschen, bis auf minimale Abstufungen, genauso wie mit Artgenossen. So wird die Aggression als Teil der Kommunikation uns gegenüber genauso ausgeübt wie unter Artgenossen. Anhand von Untersuchungen über Hundebisse lässt sich feststellen, dass die attackierten Körperteile mit den Verletzungen bei Auseinandersetzungen unter Artgenossen zu vergleichen sind. Der Hund sieht den Menschen also als Sozialpartner an. Lediglich wenn keine ausreichende Sozialisierung auf den Menschen stattgefunden hat, kann es zu jagdlich motivierter Aggression auf den Menschen kommen, er wird in diesem Fall zur Beute.

Sozialisierung auf den Menschen

Damit ein Hund den Menschen als Sozialpartner anerkennt, muss eine ausreichende Prägung und Sozialisierung auf den Menschen stattfinden. Es ist also wichtig, dass der Welpe nach der Geburt engen Kontakt zur Züchterfamilie hat und in der Sozialisationsphase (ca. vierte bis vierzehnte Lebenswoche) unterschiedliche Menschen kennenlernt. Daher ist eine gute Zucht und Aufzucht des Welpen eine der Grundvoraussetzungen für ein entspanntes Zusammenleben von Mensch und Hund. Denn nur wenn der Hund den Menschen als Sozialpartner ansieht, kann dieser mit ihm kommunizieren und somit Auseinandersetzungen vermeiden. Ein guter Züchter wird daher neben einer allgemeinen Prägung auf viele verschiedene Umweltreize, den Welpen von Anfang an auf die Eigenheiten des Menschen, vor allem in der Kommunikation prägen. Dies beginnt bereits kurz nach der Geburt, wenn der Züchter den Welpen in die Hand nimmt und ihn säubert, mit einem Handtuch abrubbelt. Im weiteren Verlauf lernt ein gut geprägter Welpe, dass es normal ist, dass Menschen sich z. B. über ihn beugen. Anstelle einer Bedrohung erfolgt eine angenehme Handlung wie z. B. ein ausgiebiges Streicheln oder aber der Start eines Tobespiels. Aber auch der Mensch muss lernen, seine Körpersprache gezielt einzusetzen. Denn will er den Hund später einmal für ein Fehlverhalten korrigieren, sollte der Hund den Unterschied zwischen freundlichem Blickkontakt und strafendem Fixieren kennen. Entscheidend ist hierbei die Körperhaltung sowie die

Offensiv aggressives Drohen mit fixierendem Blick über den Nasenrücken und sichtbaren Vorderzähnen.

Intensität des Blickes. Ein freundlicher Blick ist immer wieder einmal durch ein kurzes Abwenden unterbrochen, ein Fixieren hingegen bedeutet einen ununterbrochenen Blick mit der Tendenz nach unten, also wie auch beim Hund „über den nach unten gehaltenen Nasenrücken".

Missverständnisse in der Kommunikation

Missverständnisse bezüglich der Körpersprache und des Verhaltens von Menschen können zu aggressivem Verhalten eines Hundes führen. Blickkontakt zu einem Hund zu suchen oder längeres Fixieren werden vom Hund oft als Drohen angesehen. Mit dem Bedürfnis, den Hund zu umarmen wird häufig die Individualdistanz unterschritten und durch die Umarmung kann eine enge oder ausweglose Situation erzeugt werden. Die Umarmung kommt von oben, was ebenfalls als eine Bedrohung betrachtet werden kann. Sich über einen Hund zu beugen, kann als eine Dominanzgeste aufgefasst werden, ebenfalls das Über-den-Kopf-Streicheln.

Hunde müssen daher von Welpe an kennenlernen, dass die Körpersprache des Menschen sich von der eines Hundes an manchen Stellen unterscheidet. Probleme gibt es hier oft bei Hunden, die kaum menschlichen Kontakt hatten, wie z. B. bei Straßenhunden aus dem Süden, die nach Deutschland eingeflogen werden. Für diese Hunde bedeutet oftmals schon eine so alltägliche Handlung wie das Anlegen des Halsbandes oder das Anleinen großen Stress. Der Hund fühlt sich bedroht und eingeschränkt, wenn der Mensch sich z. B. von vorne über seinen Hund beugt, um diesen anzuleinen. In einem solchen Fall ist vom Menschen viel Geduld und besondere Rücksichtnahme erforderlich, die viele Menschen oftmals an die Grenzen des Erträglichen bringt. Um den Hund anzuleinen, muss der Mensch sich hinhocken und sich dabei seitlich vom Hund wegdrehen. Er darf sich beim Anleinen nicht über

Info

Dominanzgesten

- Über den Hund beugen
- Fixieren
- Frontal auf den Hund zugehen
- Auf dem Kopf streicheln
- Körperlich bedrängen
- In einer Enge (Auto, unter einem Tisch etc.) bedrängen

Martin motiviert Bertie zu einem Spiel. Er befindet sich dabei in der Hocke und beugt sich nicht über den Hund. Martin bewegt sich seitlich, um ihn nicht zu bedrängen.

Martin schaut Bertie freundlich an. Der Rüde akzeptiert die Nähe und bleibt ganz entspannt.

ihn beugen und auch ein Belohnen nach dem Anleinen in Form eines Streichelns über den Kopf wird vom Hund entweder mit Ausweichen oder aber mit defensivem Drohverhalten quittiert.

Aggressives Verhalten gegenüber Hunden

Man macht schnell den Fehler, anderen den schwarzen Peter zuzuschieben, und vergisst, wo wir Menschen unbewusst oder unwissend, aber auch sehr gezielt aggressives Verhalten gegenüber meist wehrlosen Hunden anwenden. Beispiele sind:

> Zwangsdeckung
> Starkzwangerziehung durch Ketten- und Stachelhalsbänder
> Isolationshaltung
> Bestimmte Formen des Trainings zum Schutzdienst, z. B. dem Hund den Ärmel so lange um die Ohren hauen, bis er aus defensiver Aggression zubeißt
> Körperliche Korrektur eines Hundes; z. B. für ein „Sitz“ einen „Klaps“ auf den Hintern
> Stressbelastung, der Hunde teilweise permanent ausgesetzt werden

Ressourcen – Erhalt und Verteidigung

Rudelrangordnung – Kommunikation und soziale Fähigkeiten

Voraussetzung für eine Rudelrangordnung sind eine differenzierte Kommunikation, ein gut entwickeltes Sozialverhalten und die Fähigkeit, sich in einem hierarchischen System einordnen zu können.

Bedeutung der Rangordnung

Betrachtet man eine Gruppe frei lebender Hunde, hat jeder Hund innerhalb der Gruppe eine Aufgabe und Funktion, sei es als Wächter, als Jäger oder als Erziehungshilfe. Jeder Einzelne spielt somit eine wichtige Rolle. Dies führt zu sozialer Anerkennung. Hunde brauchen Klarheit über stabile Rangordnungspositionen, Aufgaben und gleiche Ziele. In einem Hunderudel herrschen hierarchische Strukturen. Diese geben allen Gruppenmitgliedern Sicherheit und befreit sie von sozialem Stress, da ernsthafte Auseinandersetzungen unter anderem aufgrund eines zu hohen Energieaufwandes nicht häufig stattfinden. Zudem würde eine ernsthafte Verletzung und ein damit verbundener Tod die gesamte Rangordnung durcheinanderbringen.

Das Wort Hierarchie wird leider von vielen Menschen oft als Diktatur interpretiert. Noch immer gilt bei vielen der Irrglaube, dass von „oben" jemand diktatorische Vorgaben macht und alle „stehen stramm". So ist es aber definitiv nicht. Mit Hierarchie ist gemeint, dass es klare Strukturen, wiedererkennbare Mechanismen bezüglich des Sozialgefüges gibt, die der sozialen Sicherheit aller Gruppenmitglieder dienen. Strukturen, Spielregeln, Beziehungen untereinander, auf die man sich stets verlassen kann und die man nicht täglich neu hinterfragen oder gar neu bilden muss, dienen schlicht der sozialen Entspannung. Für Hunde sind Menschen, die immer wieder neue Regeln aufstellen bzw. die eigenen aufgestellten Regeln stets wieder aufweichen, keine adäquaten Partner, an denen sie sich orientieren können.

Info

Grundbedürfnisse

Um das Überleben eines Individuums zu sichern, ist es nötig, dass die biologischen Grundbedürfnisse befriedigt werden. Diese sind beim Hund:

- Rangordnung S. 38
- Territorium S. 62
- Sexualität S. 86
- Reproduktion S. 94
- Nahrungserwerb S. 112
- Selbstverteidigung (Selbsterhalt) S. 123

Rangordnung zwischen Mensch und Hund

Man kann eine Beziehung unter Hunden eines Rudels bzw. einer Gruppe nicht eins zu eins auf die Beziehung von Mensch und Hund übertragen, denn auch wenn der Hund den Menschen als Sozialpartner ansieht, weiß er dennoch, dass es sich nicht um einen Artgenossen handelt. So erlebt er tagtäglich unsere Defizite, kann er doch viel schneller laufen, viel besser hören und vor allem riechen! Er erlebt, dass wir kein Interesse daran haben, Spuren von Kaninchen aufzunehmen, andere Hunde im Anal- oder Genitalbereich zu beschnüffeln oder im Park zu markieren. Dennoch gibt es Parallelen, denn genauso wie der Hund lebt der Mensch in einem sozialen Verband, in dem ein Zusammenleben mehrerer Individuen nur dann entspannt verlaufen kann, wenn jeder sich an fest vereinbarte Regeln hält. Streng genommen ist

Info

Definition Rangordnung

= Reihenfolge gemäß der sozialen Stellung bei in Gemeinschaft lebenden Tieren einer Art.

„Wird eine Tiergruppe durch das Band individueller Bekanntschaft zusammengehalten, dann liegt ein individualisierter Verband vor. Seine soziale Organisation kann durch die Ausbildung einer Rangordnung recht kompliziert sein. Eine solche entwickelt sich innerhalb einer Gruppe aufgrund gelegentlicher Kämpfe. Jedes Gruppenmitglied merkt sich im Laufe der Auseinandersetzungen, wer ihm über- und wer ihm unterlegen ist, und richtet sein Verhalten danach. Sind die Verhältnisse einmal festgelegt, wird im Allgemeinen weniger gekämpft, es genügt ein gelegentliches Drohen des Ranghöheren, um den Rangniedrigen in die Schranken zu weisen." (Eibl-Eibesfeldt, 1999)

der Begriff der Rangordnung für die Mensch-Hund-Beziehung eher irreführend, viel besser wäre hier der Begriff der „Einordnung des Hundes in die Mensch-Hund-Gruppe". Aufgrund der Geläufigkeit des Begriffes und in der Form, dass auch der Mensch dem Hund soziale Sicherheit durch klare Strukturen geben sollte, verwende ich den Begriff der Rangordnung trotzdem weiterhin. Im Zusammenleben mit dem Menschen braucht der Hund einen festen Platz, er muss wissen, welche Aufgaben er übernehmen soll, welche Dinge erlaubt sind und in was für einer Beziehung er zu den jeweiligen Familienmitgliedern steht. Konsequenz – also in verschiedenen Situationen immer gleich zu handeln – ist für das Zusammenleben mit Hunden daher unerlässlich. Leider sind die wenigsten Menschen konsequent, was zu einer Unruhe in der Mensch-Hund-Beziehung führen kann, die den Hund oft überfordert.

Hunde sind soziale Lebewesen, die sehr enge Beziehungen zueinander aufbauen können.

AUS DER PRAXIS –
Regeln sollten immer gelten

Der vierjährige Schnauzerrüde Arko liegt jeden Abend bei Frauchen auf dem Sofa. Seit zwei Wochen jedoch hat Frau Dammer einen neuen Partner, der sie alle zwei Tage besuchen kommt. Herr Braun mag es nun gar nicht, dass Arko mit auf dem Sofa liegt und so wird er an diesen Tagen jedes Mal wieder vom Sofa geschickt. Arko musste sein Frauchen bisher mit keinem anderen teilen, daher empfindet er das Herunterschicken vom Sofa durch Herrn Braun als Wegnahme eines ihm wichtigen Privilegs. Zudem deutet er das enge Zusammenliegen von Frau Dammer mit ihrem neuen Partner als demonstrative Inbesitznahme durch diesen, wodurch Herr Braun zum Konkurrenten wird. Da Frau Dammer nun aber jedes Mal, wenn ihr neuer Partner nicht da ist, Arko wieder aufs Sofa holt und ein enges Kontaktliegen einfordert, ist Arko von der Veränderung im Leben durch Herrn Braun überfordert.
Er fühlt sich von Frau Dammer in seiner Position bestätigt und kann daher das Verhalten sowie die Anwesenheit des neuen Partners nicht akzeptieren. Daher zeigt Arko nach wenigen Wochen Herrn Braun gegenüber aggressives Verhalten. Dieser darf sich bald nicht mehr in der Wohnung bewegen, ohne dass er von Arko verfolgt und angeknurrt wird. Sobald er sich Frau Dammer nähert, geht Arko aggressiv dazwischen, er hat sogar bereits mehrmals dabei nach Herrn Braun geschnappt.

1) Gaia (rechts) nimmt vorsichtig Kontakt zu Demon auf. Mit langgestrecktem Körper schnüffelt sie an seinem Kopf.

2) Demon ist unsicher und dreht sich von Gaia weg.

Privilegierter Status

Ein ranghohes Tier entwickelt sich unter anderem aufgrund seiner Fähigkeiten die Initiative zu ergreifen, eher erfolgreiche Jagdstrategien zu haben, Feinde abzuweisen, sich selten von Gruppenmitgliedern beeinflussen zu lassen,etc.
Nur ein sozial- und umweltsicheres Tier kann einen ranghohen, d. h. privilegierten Status erringen. Es ist der agierende Part zwischen Individuen und trifft wichtige Entscheidungen. Zu agieren bzw. sich Ignoranz leisten zu können, zeichnet ein Führungsverhältnis aus. Ein souveräner Hund buhlt selten um die Gunst der anderen, sondern lässt sich umwerben. Er zeigt ignorantes Verhalten Rangniederen gegenüber, geht

aber lustgesteuert auch durchaus mal auf eine Spielaufforderung ein. Bedeutend ist allerdings, dass es in der Regel eben der Ranghöhere ist, der entscheidet was er zulässt und was nicht. Ein weiteres Zeichen eines ranghohen Status ist das Sich-Beriechen-Lassen, also den Genital- und Analbereich einem Sozialpartner zu präsentieren und diesen ausgiebig beschnuppern zu lassen. Auch hier entscheidet wiederum das ranghohe Tier, ob es ein Beschnuppern, also ein Eindringen in den individuellen Bereich, zulässt oder nicht.

AUS DER PRAXIS – Grenzen setzen

Familie Krause hat zwei Labrador Retriever, den siebenjährigen Rüden Sammy und die zweijährige Hündin Gianna. Die beiden Hunde verstehen sich gut, im Umgang der beiden wird jedoch deutlich, dass Sammy der Ranghöhere ist. Wenn Sammy auf seiner Decke liegt, kommt Gianna oftmals hinzu. Dabei zeigt sie eine unterwürfige Körperhaltung, ihre Ohren sind angelegt, sie wendet den Blick ab. Sammy entscheidet nun, ob er Lust auf Körperkontakt hat oder nicht. So darf sich Gianna manchmal zu Sammy legen und sich an ihn kuscheln. Hat Sammy jedoch keine Lust auf Körperkontakt, fixiert er Gianna und knurrt sie dabei an. Gianna wendet sich dann sofort ab und legt sich in ihr eigenes Körbchen.

3) Demon fixiert Gaia mit gesträubten Nackenhaaren.

3

Privilegierter Status in der Mensch-Hund-Gemeinschaft

„Der Halter muss agierender Teil der Lebensgemeinschaft sein, anstatt zu sehr auf Verhaltensweisen seines Hundes zu reagieren. Agieren heißt Führung übernehmen, Status demonstrieren und ggf. auch zu behaupten. Die Erfahrung zeigt, dass hier der Schlüssel zum richtigen Umgang mit dem Hund liegt, zumal ausnahmsloses Reagieren auf unerwünschte Verhaltensweisen meist mit Emotionen einhergeht, die zu groben Missverständnissen im Kommunikationsbereich führen." (Bloch, 2004)

Damit ein Hund den Menschen als souveränen Partner ansieht und sich an ihm orientiert, muss dieser dem Hund zeigen, dass er in der Lage ist, Verantwortung zu übernehmen. Dies fängt bei territorialer Verantwortung wie dem Begrüßen von Besuch an und endet mit der Regelung von Situationen, in denen der Hund sich überfordert oder sogar bedrängt fühlt.

AUS DER PRAXIS – Schutz geben

Frau Dinkel hat vor einer Woche den jetzt neun Wochen alten Border Collie Welpen May abgeholt. Da sie den Hund mit anderen Hunden sozialisieren möchte, hat sie für heute einen Termin beim örtlichen Hundeverein zum Welpenspiel vereinbart. Als sie pünktlich um 15 Uhr zur Welpenspielstunde kommt, befinden sich bereits fünf andere Welpen auf dem Platz. Frau Dinkel wird aufgefordert hereinzukommen und die Tür schnell zu schließen, damit kein Welpe weglaufen kann. May, die sich noch auf dem Arm von Frau Dinkel befindet, soll sie sofort auf den Boden setzen. Frau Dinkel hat das Gelände gerade betreten, als die ersten Welpen die Neuankömmlinge entdecken. Kaum hat sie May auf den Boden gesetzt, stürmen die fünf Welpen bereits auf die beiden zu. Alle wollen den Neuankömmling begrüßen. May zeigt sich sehr eingeschüchtert, als die anderen Welpen auf sie zustürmen. Diese zunächst zurückhaltende, unsichere Art ist bei sehr vielen Welpen stark ausgeprägt und häufig normal beim Erstkontakt mit fremden Hunden. Man kannte ja bisher nur die Wurfgeschwister und die Mutterhündin. May versteckt sich sofort hinter ihrem Frauchen. Die anderen Welpen erkennen ihre Unsicherheit. Da sie sich alle bereits aus den Stunden zuvor kennen, sind sie sich schnell einig: „Auf sie mit Gebrüll!" May wird gerempelt, angestupst und angebellt. Der Trainer gibt Frau Dinkel nun den Rat, May nicht etwa zu bedauern, da sie so deren Angst verstärken würde. Vielmehr soll sie sich von May entfernen und ihr keine Möglichkeit geben, sich hinter ihr zu verstecken. Als May ihren Menschen aber weiter verfolgt und sich auf kein Spiel mit den anderen Welpen einlässt, wird Frau Dinkel vom Platz geschickt, sie soll das Spiel der Hunde hinter dem Zaun beobachten. May ist nun auf sich alleine gestellt. Sie ist mit der Situation völlig überfordert und zeigt Abwehrschnappen. Da sie dabei sehr schnell und massiv vorgeht, sind die anderen Welpen beeindruckt. May hat nach einigen Wiederholungen gelernt, wie man sich unerwünschten Kontakt durch Artgenossen vom Leib halten kann: Sie zeigt defensive Aggression.

Hunde verlangen von uns, dass wir als „Leittier" agieren und ihnen auch Schutz bieten.

Der Golden Retriever in der Mitte wird von drei Hunden bedrängt. Seine Körpersprache (Ohren leicht angelegt, Rute eingeknickt, Hinterteil nach unten) signalisiert Unsicherheit.

Konfliktsituationen regeln

Frau Dinkel hätte künftige Aggressionen ihrer Hündin vermeiden können, indem sie ihr gleich in dieser Situation Schutz geboten hätte. In solch einer Situation sollte man die anderen Welpen ruhig aber souverän vom eigenen Hund wegschieben und ihm somit zeigen, dass er einem vertrauen kann und man ihm Sicherheit bietet. Noch besser wäre natürlich gewesen, den Start in der Welpengruppe anders zu gestalten. Hätte man jeden Welpen einzeln auf May zugelassen, wäre eine Fokussierung vermieden worden. Bereits nach ein paar Minuten hätte sie gelernt, dass der Kontakt zu fremden Artgenossen absolut positiv sein kann.

Entscheidungen bewusst treffen

Ein Mensch kann eine souveräne Führungsposition niemals durch aggressives Verhalten dem Hund gegenüber erzwingen. Dies würde vielmehr dazu führen, dass der Hund dem Menschen nicht vertraut, da dieser sich unsouverän verhält. Wer es nötig hat, sich mit Gewalt durchzusetzen, kann sich seiner Position nicht wirklich sicher sein und stellt somit keinen souveränen Partner dar. Ich will aber auch klar und deutlich betonen, dass antiautoritäre Erziehung getreu dem Motto „Oh du hast nach dem Nachbarskind geschnappt, das besprechen wir aber heute Abend noch einmal in Ruhe …“, völlig absurd und sinnlos ist.

Ohne das klare Durchsetzen von Tabus, wenn nötig auch körperlich durch Schnauzgriff oder Nackenstoß, ist die Erziehung eines Hundes schlichtweg nicht möglich. Abgesehen davon ist dies nicht als Gewalt zu bezeichnen. Das Verhalten des Menschen dem Hund gegenüber ist für die soziale Ordnung, die die Basis für Erziehung ist, von großer Bedeutung. So wie ein ranghoher Hund entscheidet, ob er auf eine Aktion des rangniederen Hundes eingeht, sollte sich auch der Mensch verhalten. Dies bedeutet nicht etwa, dass der Hund den Menschen niemals zum Spiel oder zu einer anderen Aktivität auffordern darf. Jedoch entscheidet der Mensch, ob er auf diese Forderung eingeht oder nicht. Und niemals bettelt er um Aufmerksamkeit des Hundes, vielmehr erkennt er, wann es Sinn macht, den Hund zu einem Spiel aufzufordern und ignoriert ihn, wenn er sieht, dass er zur Zeit auf eine Aufforderung nicht eingehen würde.

Ignorieren

Ignorieren ist die erste Abgrenzung und der erste Schritt in die „Emanzipation“ des Menschen dem Hund gegenüber. Kein „Pauschal-Ignoranz-Training“, sondern ein auf den Hund zugeschnittenes Training ist dabei wichtig. Ein souveräner, ranghoher Hund zeichnet sich im Rudel dadurch aus, dass er die Entscheidungen trifft. Geht ein Mensch daher immer auf die Forderungen seines Hundes ein, ist er stets nur der reagierende Part. Kommt dann noch hinzu, dass der Hund z. B. die Spiel-aufforderung des Menschen oder aber das Signal, heranzukommen

Laika fordert durch Kratzen mit der Pfote die Aufmerksamkeit ihres Herrchens.

Info

Frustrationsaggression

Bei Hunden mit sozial motivierter Aggression muss man langsam mit dem Ignorieren beginnen, da sonst eine Frustrationsaggression entstehen kann. Das aggressive Verhalten des Hundes kann zudem heftiger werden und sich auch gegen den Halter des Hundes wenden, wenn der Hund die Situation nicht akzeptiert.

ignoriert, wird es deutlich, wer hier entscheidet! Daher ist es wichtig, nicht immer auf die Forderungen eines Hundes einzugehen, seine Erwartungshaltungen nicht zu erfüllen. Dies wird durch gezielte Unregelmäßigkeiten und einen unerwarteten Tagesablauf im Alltag erreicht. Situationen, in denen der Hund etwas vom Menschen fordert:

> Begrüßung, der Mensch kommt nach Hause.
> Der Hund läuft in die Küche und jammert, da er Futter möchte.
> Der Hund kommt mit einem Spielzeug und wirft es dem Menschen vor die Füße.
> Der Hund legt seinen Kopf auf das Knie des Menschen, da er gestreichelt werden will.
> Der Hund steht vor der Haustür und jammert, da er nach draußen will.

Frank ignoriert die Aufforderung von Laika und liest ruhig seine Zeitung.

AUS DER PRAXIS – Vorsicht mit totaler Ignoranz bei Hunden

Bei Familie Glanz steht der vierjährige Schäferhundrüde Eik immer im Mittelpunkt. Besonders Frau Glanz hat es sich zur Gewohnheit gemacht, ständig mit ihm zu sprechen. So erhält Eik den ganzen Tag Aufmerksamkeit. Seit einiger Zeit fordert er nun Privilegien vehement ein. Streichelt Frau Glanz ihn nicht, wenn er sie anstupst, bedrängt er sie immer weiter. Sein Verhalten steigert sich sogar so weit, dass er den Ärmel ihres Pullovers packt und daran zieht. Als Eik Frau Glanz sogar zwickt, beginnt diese, ihn zu ignorieren. Doch es dauert nicht lange, bis Eik sie im Wohnzimmer fixiert und nicht mehr aus einer Zimmerecke herauslässt, als sie „ignorant“ aus dem Raum möchte. Frau Glanz wartet daraufhin noch einen Augenblick, indem sie sich gemächlich einem Stapel Bücher in der Ecke widmet. Als Eik das Fixieren einstellt, spricht sie ihn kurz an und verlässt dann den Raum.
Frau Glanz führte die Veränderungen gleich zu Beginn des Trainings viel zu extrem aus, damit kam Eik nicht zurecht. In diesem Fall wäre es wichtig gewesen, Veränderungen wie zum Beispiel die des Abgrenzens durch Ignorieren nur Schritt für Schritt in ganz kleinen Etappen einzuführen.
Hunde zeigen ihren hohen sozialen Status z. B., indem sie Aufmerksamkeiten von ihrem Menschen einfordern (Anstupsen zum Streicheln, Kläffen oder Ähnliches) – sie haben somit ein Privileg, das nur ein ranghohes Tier innehat. Der Mensch sollte im Zusammenleben mit dem Hund der Initiator verschiedener Dinge sein. So fällt es einem Hund leichter, sich an seinem Menschen zu orientieren.
Ist das Verhältnis zwischen allen Beteiligten klar geregelt und entspannt, gehört zu einem glücklichen Zusammenleben selbstverständlich auch, hier und da auf die Aufforderungen des Hundes einzugehen. Exakt das würde ein ranghoher, souveräner Hund auch tun. Es kommt eben auf das richtige Maß an ...

Individuelle Rangbeziehung

Eine individuelle Rangbeziehung betrifft immer die Beziehung zwischen zwei Lebewesen.

Die Interessen von Hunden sind sehr unterschiedlich. Dem einen ist sein Spielzeug wichtig, ...

Es ist nicht möglich, einen auf die ganze Gruppe pauschalen Status zu erlangen oder zu halten. Rangbeziehungen laufen nicht linear ab (alpha – beta – gamma – delta – ... – omega).
Situations- und zeitbedingte Rangfolgen sind ebenfalls möglich, d. h. aufgrund einer unterschiedlichen Interessenslage kann sich die Rangfolge in verschiedenen Situationen verlagern. Betrachtet man die individuelle Rangbeziehung in Bezug zur ganzen Gruppe, wird das Individuum, das prozentual am meisten über eines bzw. mehrere Gruppenmitglieder dominiert, als Ranghöchster eingestuft.
Allerdings gibt es nie den einen Ranghohen, der immer und alle Entscheidungen trifft, beziehungsweise alle Privilegien innehat. Es kann durchaus sein, dass sich Beziehungsverhältnisse einzelnen Situationen anpassen.

…der andere besitzt eine stärkere territoriale Veranlagung und bewacht das Grundstück.

AUS DER PRAXIS – Unterschiedliche Interessen

Der fünfjährige Große Schweizer Sennenhund Rüde Jack und der dreijährige Beagle Rüde Ben leben zusammen in einem Haushalt. Jack besitzt bereits von der Rasse her eine stark territoriale Veranlagung, daher sind für ihn territoriale Angelegenheiten, wie z. B. Menschen am Zaun zu verbellen, wichtig. Ben dagegen hat kaum territoriale Interessen, jedoch spielt Futter in jeglicher Form für ihn eine große Rolle.
Die beiden Hunde kommen gut miteinander aus, denn ihre Interessen überschneiden sich nicht. So rennt Ben allenfalls mal mit, hält sich aber im Hintergrund, wenn Jack zum Gartenzaun rennt. Auch wenn Besuch kommt, lässt er Jack den Vortritt. Würde er versuchen, als Erster beim Besuch zu sein, würde Jack ihn in seine Schranken weisen. Er würde ihn fixieren, anknurren und im Zweifel körperlich maßregeln. In Bezug auf territoriale Angelegenheiten kann man also sagen, dass Jack der ranghöhere der beiden Hunde ist. Umgekehrt würde Ben jegliches Futter gegenüber Jack ernsthaft verteidigen. Da für Jack Futter aber nicht besonders wichtig ist, geht er niemals in die Nähe von Ben, wenn dieser einen Knochen oder andere Nahrung hat. Geschieht dies zufällig, reagiert er auf das Fixieren und Knurren von Ben sofort mit beschwichtigenden Gesten wie z. B. dem Abwenden des Kopfes und entfernt sich. In Bezug auf Futter hat somit Ben die ranghöhere Position inne.

Sozial motivierte Aggression unter Artgenossen

Sozial motivierte Aggressionen sind selten ohne andere Antriebe zu finden, vielmehr vermischen sich hier Antriebe aus sozial motivierten Handlungen mit ressourcen motivierten, sexual motivierten und territorial motivierten Antrieben.

Generell geht es bei sozial motivierter Aggression darum, seinen Status in der Gemeinschaft zu halten und zu verteidigen oder aber zu erhöhen. Dies kann durch das Erringen oder die erfolgreiche Verteidigen einer Ressource erfolgen, durch die Einnahme oder Verteidigung eines begehrten Liegeplatzes oder durch das erfolgreiche Nicht-Zulassen von Körperkontakt. Da soziale Lebewesen nicht ständig auf einen Kampf aus sind, dient hier häufig das Spiel dazu, Konflikte zu lösen, ohne dass es für einen der Partner bedrohlich wird. Der junge Hund kann spielerisch antesten, wie weit er bei dem älteren Hund gehen kann und ausprobieren, ob sich dieser auf seine Aufforderungen bzw. Provokationen einlässt. Gerade bei Hunden, die stark körperlich spielen, kommt es jedoch schnell dazu, dass einer der Partner eine Grenze überschreitet. Werden zwei oder mehr Hunde in einer Familie gehalten, ist es Aufgabe des Menschen, dies zu erkennen und regulierend einzugreifen. Dies kann dann der Fall sein, wenn nur noch einer der Spielpartner die Rolle des Opfers übernehmen muss und somit kein Rollenwechsel mehr stattfindet. Auch wenn Handlungen immer mehr Ernstcharakter annehmen, indem sie aus dem Verhalten der offensiven oder defensiven Aggression ohne Wechsel mit Verhaltensweisen aus anderen Funktionskreisen gezeigt werden, ist der Mensch gefragt. Spielen zwei Hunde also so wild miteinander, dass der Umgang immer körperlicher wird, sollte der Mensch das Spiel für einen kurzen Augenblick unterbrechen. Dazu muss vorab das Signal Schluss aufgebaut werden. Haben sich beide Kontrahenten beruhigt, dürfen sie gerne wieder weiterspielen.

Info

Merkmale „echtes Spiel“

- Immer neu kombinierte Handlungen
- Wiederholungen
- Rollenwechsel
- Keine Endhandlung
- Kein Ernstbezug
- Übertriebenes Ausdrucksverhalten
- Keine Antriebe aus anderen Funktionskreisen
- Direkt im Anschluss ans Spiel entspannter Umgang miteinander

1

2

Aufbau Signal „Schluss“

„Schluss“ hat die Bedeutung: „Hör sofort auf mit dem, was du da gerade tust“. Es stellt also den Abbruch einer Handlung dar, die ansonsten aber durchaus erlaubt, bzw. manchmal sogar erwünscht sein kann, wie z. B. ein gemeinsames Sozialspiel zwischen Mensch und Hund.
Der Mensch spielt ein ausgelassenes Sozialspiel mit seinem Hund. Mitten im Spiel bricht er das Spiel ab, indem er aufsteht, sich wegdreht und den Hund ignoriert. Dabei erfolgt das Wort „Schluss“. Auch durch die Zuteilung einer Ressource kann ein Hund lernen, was „Schluss“ bedeutet. Hat der Hund zum Beispiel einen Knochen bekommen, nimmt ihm der Mensch diesen mit dem Signal „Schluss“ nach einiger Zeit wieder weg. Er kann ihn später wieder bekommen, so dass der Hund die Lernerfahrung macht, dass das Verhalten nicht generell, sondern nur momentan nicht mehr erwünscht ist.

3

1) Arjuna und Quintin beim gemeinsamen Spiel. Beide zeigen übertriebene Gesten.

2) Arjuna bedrängt Quintin und schränkt diesen in seiner Bewegungsfreiheit ein.

3) Das Spiel der beiden Hunde entwickelt sich zu aggressiven Verhaltensmustern. Quintin muss durch heftiges Rempeln Arjuna abdrängen.

„Schluss“ bedeutet somit das Beenden von etwas Schönem, da es aber keine Korrektur für den Hund ist, wird dieser das Signal nicht als etwas Negatives empfinden.
Im nächsten Schritt kann das neue Signal auch für das Unterbrechen des Spiels genutzt werden, Dazu wählt man einen Augenblick, indem die beiden Hunde nicht so stark in das gemeinsame Spiel vertieft sind und das Spiel noch nicht zu körperlich ist. Es erfolgt wieder das Signal „Schluss“. Hören beide Hunde auf, werden sie gelobt. Sollten sie direkt danach wieder zu spielen beginnen, wird jeder Hund auf einen Liegeplatz geschickt. Die beiden Plätze sollten so weit auseinanderliegen, dass die Hunde keinen direkten Kontakt zueinander aufnehmen können.

Sozial motivierte Aggression gegenüber Menschen

Auch gegenüber Menschen ist sozial motivierte Aggression oft mit anderen Antrieben vermischt. Genauso wie beim Hund, geht es hier vor allem um die Erhöhung bzw. Beibehaltung eines Status innerhalb der Gemeinschaft. Der Hund versucht hier z. B. Privilegien durchzusetzen, indem er einen privilegierten Liegeplatz verteidigt und den Menschen z. B. nicht mehr auf das Sofa lässt. Zudem erfolgt häufig eine Korrektur z. B. durch Anspringen, Stupsen oder Zwicken. Diese kann erfolgen, wenn der Mensch nicht schnell genug einer Forderung des Hundes nachkommt, oder aber sich aus Sicht des Hundes frech benimmt. So ist z. B. das dynamische Bewegen ein Privileg. Der Mensch, der unkontrolliert durch das Wohnzimmer tanzt, wird hierbei dann oft angesprungen und in seiner Bewegung gestoppt und eingegrenzt. Nicht selten findet in einem solchen Fall auch ein Nackenstoß statt, der Hund springt dabei einmal am Menschen hoch und versucht ihn, im Hals-Nacken-Bereich zu stoßen.
Ein Hund, der sozial motivierte Aggression zeigt, darf zunächst einmal keine Privilegien mehr haben, die ihm wichtig sind. Der Hund, der das Sofa gegenüber dem Menschen verteidigt, darf also nicht mehr dort liegen. Dazu wird ein neuer Liegeplatz aufgebaut, der sich an einer strategisch unwichtigen Stelle befindet. Parallel dazu verhindert der Mensch, dass der Hund sich wieder auf das Sofa legt. Dies geschieht entweder durch Gegenstände, die auf dem Sofa deponiert werden, so dass es keine Möglichkeit für den Hund gibt, sich dort niederzulassen. Alternativ kann der Hund auch vom Sofa vertrieben werden, indem der Mensch genau in dem Augenblick, in dem sich der Hund dort niedergelassen hat, einen Gegenstand wie z. B. einen Wasserkasten auf das Sofa stellen muss.
Weiterhin muss der Mensch sämtliche Forderungen des Hundes ignorieren, er entscheidet, wann eine Aktion stattfindet und wann nicht. Zudem sollte ein Tabu aufgebaut werden, damit der Hund lernt, Respekt vor dem Körper des Menschen zu haben. Bei Hunden, die bereits gehemmt oder gar ungehemmt beschädigen, sollte vor dem Aufbau eines Tabus allerdings immer professionelle Hilfe aufgesucht werden, da die Gefahr der Gegenaggression einfach viel zu groß ist (siehe Aufbau Tabu, S. 100).

1) Toots hat es sich auf dem Sofa bequem gemacht und ignoriert die Aufforderung, das Sofa zu verlassen.

2) Toots wird mit einem Stuhl vom Sofa gedrängt.

3) Es funktioniert –Toots verlässt das Sofa.

„Feste Liegestellen"

Der Liegeplatz eines Hundes sollte sich immer an einem strategisch unwichtigen Ort in der Wohnung befinden. Der Hund soll hier seine Ruhe haben, er soll nicht mitten im Weg liegen. Gerade bei territorial veranlagten Hunden ist es zudem wichtig, dass diese durch einen strategisch wichtigen Liegeplatz nicht vermittelt bekommen, dass sie eine territoriale Aufgabe im Haus übernehmen sollen. Ein Liegeplatz im Flur, direkt an der Eingangstür, ist daher ungeeignet, da der Hund hier sozusagen zum „Pförtner" gemacht wird. Zudem kann er von dieser Position aus alle Menschen in der Wohnung überwachen, er weiß immer genau, wo sich wer gerade aufhält. Besser ist ein Platz im Wohnbereich, in einer Ecke die sich nicht direkt an der Wohnzimmer- oder Terrassentür be-findet und von welcher aus der Hund nicht auf die Straße oder in den Garten blicken kann. Der Liegeplatz des Hundes sollte aber auch nicht vollkommen abseits vom Geschehen, z. B. in einem anderen Raum sein, denn Hunde sind soziale Tiere, die das Leben gemeinsam mit den anderen Mitgliedern der Gemeinschaft verbringen wollen. Daher darf ein Hund gerne auch zwei oder drei Liegeplätze haben:

> Ein Liegeplatz für den Hauptaufenthaltsbereich der Menschen am Tag: z. B. im Esszimmer oder in der Wohnküche
> Ein Liegeplatz für den Hauptaufenthaltsbereich der Menschen am Abend: z. B. im Wohnzimmer oder im Fernsehzimmer
> Ein Liegeplatz für den Hauptaufenthaltsbereich der Menschen in der Nacht: z. B. im Schlafzimmer.

Diese Liegeplätze sollten für den Hund klar erkennbar sein. Ob dort dann jedoch eine einfache Hundedecke liegt, ein bequemes Körbchen

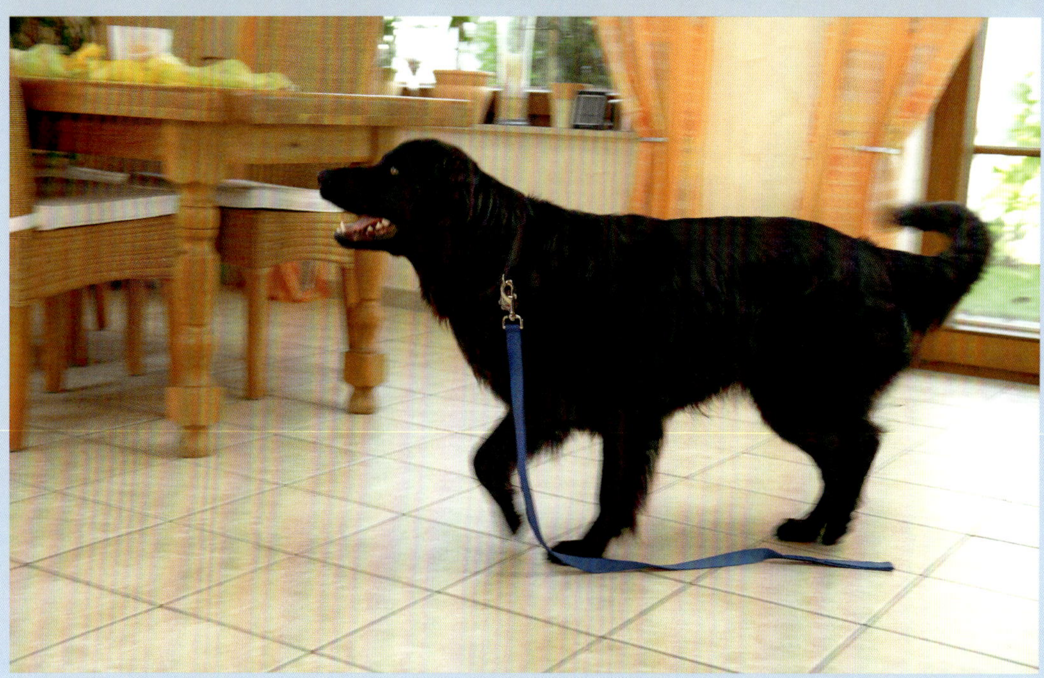

Mit einer Hausleine kann man einen Hund sicher auf seinen Platz führen.

oder aber auch eine Box steht, spielt für den Hund keine Rolle. Damit der Hund lernt, auf den ihm zugewiesenen Plätzen zu liegen, gibt es verschiedene Trainingswege. Diese können auch parallel angewendet werden.

Ungeeignete Liegeplätze unangenehm machen

Immer wenn der Hund sich an eine andere Stelle als an seinen Liegeplatz legt, wie z. B. vor die Eingangstür oder mitten in den Weg, macht der Mensch ihm diesen Platz unbequem. Dazu bewegt er sich genau in dem Augenblick, indem der Hund sich an dieser Stelle niederlässt, auf den Hund zu und läuft durch ihn hindurch. Man kann hier auch einen Gegenstand zu Hilfe nehmen, wie z. B. den Besen oder den Staubsauger. Besonders Hunde, die schnell einmal nach dem Bein des Menschen schnappen, können so problemlos an ihrem Liegeplatz gestört werden. Wichtig ist dabei, dass der Mensch nicht gezielt auf den Hund zugeht und somit direkt auf das Hinlegen des Hundes reagiert. Es geht schließlich nicht darum, einen direkten Konflikt zu provozieren bzw. auszutragen. Vielmehr erfolgt die Bewegung in Richtung Hund wie zufällig, der Mensch muss nun einmal genau in diesem Augenblick dort putzen oder aber dort entlanggehen, um z. B. etwas aus einem anderen Raum zu holen.
Doch Vorsicht: Diese Methode eignet sich nicht bei Hunden, die zu aggressivem Verhalten gegenüber ihren Haltern neigen, wenn sie von diesen korrigiert werden. Hier sollte man sich professionelle Hilfe holen und die Situation genau analysieren lassen.

Liegeplatz angenehm machen

Schritt 1: Damit der Hund den neuen Liegeplatz positiv verknüpft, kann er anfangs dort gefüttert werden. Im nächsten Schritt wirft der Mensch nur noch einzelne Futterbrocken auf die Decke, die der Hund dann suchen und fressen darf. Jedes Mal, wenn der Hund dabei auf die Decke geht, wird das Signalwort „Decke" hinzugefügt. Der Hund lernt so, dass dieses Wort zur Handlung „Auf-die-Decke-gehen" gehört, so dass man ihn später mit diesem Signal auch aus weiterer Entfernung auf die Decke schicken kann.

Schritt 2: Im nächsten Schritt wird der Hund auf die Decke geführt. Dabei wird er entweder frei laufend mit dem Leckerchen auf die Decke gelockt, oder aber an der Leine dorthin geführt. Das Futter gibt es erst, wenn er auf der Decke ist. Nun wird zum einen der Abstand, aus dem der Hund auf die Decke geschickt wird, vergrößert und zum anderen die Zeit, die er auf der Decke verweilen muss, verlängert. Dabei darf jedoch nur die eine oder die andere Variable verändert werden! Um die Entfernung zu vergrößern, steht der Mensch immer ein wenig weiter weg von der Decke. Läuft der Hund zur Decke, wird er gelobt und darf sich sein Futter abholen. Man kann dem Hund das Futter auch direkt auf die Decke werfen. Damit er lernt, längere Zeit auf der Decke liegen zu bleiben, gibt man ihm in dem Augenblick, in dem er auf der Decke angekommen ist, das Signal zum Hinlegen. Dieses sollte er natürlich bereits vorab erlernt haben. Der Halter steht dabei anfangs wieder relativ nah an der Decke. Sobald der Hund liegt, bekommt er das Futterstück und darf – auf ein Signal hin wie z. B. „Frei" oder „Lauf" – wieder aufstehen. Im nächsten Schritt muss der Hund bereits einen längeren Zeitraum liegen bleiben, der Mensch geht dabei in kurzen Abständen immer wieder zum Hund und belohnt diesen. Bei diesem Training sollte keine Ablenkung durch spannende Reize wie z. B. Besuch vorhanden sein.

Nele wurde ein strategisch unwichtiger Platz im Haus zugewiesen.

Weiteres Training: Im weiteren Training soll der Hund nun lernen, entspannt auf der Decke liegen zu bleiben. Die Erwartungshaltung, Futter zu bekommen, muss also gesenkt werden. Dazu werden die Abstände, in denen der Hund ein Futterstück bekommt, immer größer, bis er schließlich einige Zeit auf der Decke liegen bleibt und nur noch am Ende eine Belohnung bekommt. Der Mensch befindet sich hierbei aber noch im gleichen Raum. Zunächst sitzt er dabei ruhig auf einer Stelle, später kann er sich auch im Raum bewegen. Im nächsten Schritt kann der Mensch den Raum auch kurzfristig verlassen. Um abzusichern, dass der Hund diesen Augenblick nicht nutzt, um von der Decke aufzustehen, kann er anfangs durch eine Leine gesichert werden. Die Leine wird je nach Größe des Hundes entweder an einem schweren Möbelstück befestigt oder aber an einem in der Wand angebrachten Haken. Allerdings sollte ein Hund niemals für längere Zeit unbeaufsichtigt angeleint auf der Decke gelassen werden, da hier immer auch die Gefahr besteht, dass er sich in der Leine verwickelt und dabei verletzt.

Was tun, wenn der Hund vorzeitig von der Decke aufsteht?

Steht der Hund während des Trainings auf, ohne dass er das Freigabe-Signal erhalten hat, wird er kommentarlos auf die Decke zurückgebracht. In diesem Fall bekommt er aber keine Belohnung, wenn er wieder auf die Decke geht. Denn so würde der Hund lernen, dass es sich lohnt aufzustehen, da hierdurch die Chance auf ein erneutes Leckerchen größer wird. Der Zeitraum, den der Hund liegen bleiben muss, wird nun etwas verringert, damit er für ein richtiges Ausführen des Signals wieder belohnt werden kann. Ein ideales Training ist jedoch immer so aufgebaut, dass der Mensch die Zeit, die der Hund bereits liegen bleiben kann, richtig einschätzt, so dass der Hund erst gar keine Fehler machen kann.

Auf diesem Platz hat sie ihre Ruhe und kann völlig entspannen.

Info

Stärkung der Gruppenbindung

Aggression in einer Gruppe kann auch zur Bindung innerhalb dieser beitragen, wenn z. B. Andersartige gemobbt werden. Hunde, die in einem Haushalt zusammenleben, oder Hunde, die sich gut kennen, richten daher häufig Aggressionsverhalten gegen Fremde bzw. Außenstehende.

Gruppenmotivierte Aggression unter Artgenossen

In Hundegruppen können sich leicht Aggressionen entwickeln. Eine Form davon ist z. B. Mobbing, das häufig in dynamischen Situationen entsteht. Ein unsicheres Tier wird von einem anderen gejagt und plötzlich hat es nicht nur einen Verfolger, sondern mehrere. Gruppenaggression ist bei sozial lebenden Tieren „ansteckend". Dies kann bei in einem Haushalt lebenden Hunden geschehen oder auch bei sich fremden Hunden, die in einer Gruppe frei laufen. Entsteht der Ansatz eines Angriffs, machen alle anderen einfach mit. Oft entwickelt sich aus wilden Hetzspielen eine ernsthafte Jagd, so dass aus dem Spiel für den Gejagten plötzlich Ernst wird. Des Weiteren kann eine solche Mobbing-Sequenz entstehen, wenn zu einer bestehenden Gruppe ein einzelnes Tier hinzukommt. Bei Mobbingopfern handelt es sich häufig um unsichere, fliehende oder durch rassespezifische, anatomische Merkmale unsicher aussehende Hunde – wie z. B. Windhunde, die einen Rundrücken haben. Der runde Rücken bedeutet in der Kommunikation der Hunde Angst, Unsicherheit, Unwohlsein. Behinderte Hunde können häufiger Mobbingopfer werden, da sie je nach Behinderung wie z. B. bei amputierter Rute oder Blindheit nicht in der Lage sind, verschiedene Elemente der Kommunikation zu senden oder zu empfangen. Alle diese Hunde werden öfter Opfer von Mobbing, da sie bei anderen, selbst un-sicheren Hunden die Reaktion auslösen, die eigene Unsicherheit an einem noch unsichereren Gegenüber auszulassen. Sozial unsichere Hunde beteiligen sich an Mobbing somit viel eher als sozial sichere.

AUS DER PRAXIS – Ein Mobbingopfer für Angie

Die zweijährige Münsterländer-Mischlingshündin Angie ist ein eher unsicherer Hund. Jeden Samstag geht ihr Halter mit ihr auf die nahe gelegene Hundewiese, damit sie Sicherheit gewinnt. Angie ist beim Spiel immer mittendrin. Sie führt viele Rennspiele durch, dabei zeigt sich ihre Unsicherheit in ihrer Körpersprache: Sie wechselt ständig zwischen imponierendem und beschwichtigendem Verhalten. Seit einiger Zeit kommt Frau Schmidt mit ihrem ebenfalls zweijährigen Mischlings-

Ginala ist durch das ungewöhnliche Erscheinungsbild des Hundes in seinem Rolli verunsichert und tritt den Rückzug an. Hier könnte jedoch auch eine defensive Aggression aus Unsicherheit entstehen.

Vorstufe von Mobbing – der Golden Retriever flüchtet verunsichert aus der Situation mit den drei Hunden.

rüden Moritz auf die Hundewiese. Moritz kommt aus Spanien und hat in seinem bisherigen Leben wenig Sozialkontakt zu anderen Hunden gehabt. Dies lässt sich auf den ersten Blick an seiner Körpersprache erkennen, sobald er auf andere Hunde trifft. Er macht dann einen Rundrücken, hat die Haare über den gesamten Rücken aufgestellt und ist ständig hin- und hergerissen zwischen Flucht und Angriff. Angie erkennt sofort, dass Moritz noch unsicherer ist als sie. Der zurückhaltende Rüde zeigt mit seinem Verhalten eine Unsicherheit, die Angie sofort veranlasst, sich mit einer Scheinattacke auf ihn zu stürzen. Von der Dynamik mitgerissen, hetzen schnell auch andere Hunde hinter Moritz her, so dass dieser nur noch flüchten kann.

Schutzmaßnahmen

Damit Moritz nicht weiter Mobbing-Opfer wird, muss er lernen, mit anderen Hunden sicher zu kommunizieren. Dazu sollte er zunächst nur mit einzelnen Hunden Kontakt aufnehmen. Diese Hunde sollten sicher und souverän sein, es also nicht nötig haben, sich durch Mobbingsequenzen zu beweisen. Sollte eine Situation dennoch zu bedrängend für Moritz werden, muss der andere Hund sofort abgerufen werden, damit Moritz Schutz bei seinen Menschen finden kann. Zum anderen muss verhindert werden, dass Moritz beim unkontrollierten Zusammentreffen mit anderen Hunden ein Verhalten zeigt, das Mobbingsequenzen auslöst. Daher sollte er in der nächsten Zeit nicht frei laufen, da eine Flucht tendenziell eher eine Mobbingsequenz zur Folge hat. Frau Schmidt sollte Moritz an der Leine führen und ihm nur in kontrollierten Situationen Freilauf und Kontakt zu anderen Hunden erlauben.

Gruppenmotivierte Aggression gegenüber Menschen

Auch Menschen gegenüber können Hunde Mobbingsequenzen zeigen. Hierbei spielt genauso wie beim Hund die Körpersprache des Menschen eine Rolle. Auslöser für Mobbingsequenzen sind daher oft unsichere Menschen mit eingezogenen Schultern, ähnlich dem Rundrücken des Hundes, fliehende Menschen oder auch Menschen, die nicht in das alltägliche Bild des Hundes passen, sprich in irgendeiner Form andersartig sind.

Info

Auslöser

> Weglaufende Kinder
> Unsichere Menschen
> Motorisch auffällige Menschen
> zu einseitige/nicht ausreichende Sozialisation des Hundes

Vermeidung von gruppenmotivierter Aggression

Um gruppenmotivierte Aggression gegenüber Menschen zu vermeiden, ist es zunächst einmal wichtig, Hunde gut zu sozialisieren, um sie an sämtliche Erscheinungsbilder des Menschen zu gewöhnen. Zudem muss der Hund in einem stabilen Umfeld aufwachsen, das ihm genügend Sicherheit bietet, aber auch die Möglichkeit gibt, Erfahrungen selbst zu machen, um so ein souveräner und umweltsicherer Hund zu werden. Da ein Hund diese Erfahrungen im Erwachsenenalter jedoch nur noch begrenzt sammeln kann und somit aus einem unsicheren Hund niemals ein komplett souveräner, sicherer Hund werden kann, ist bei dieser Problematik nur durch eine vollständige Orientierung am Menschen und ein gut aufgebautes Rückrufsignal Hilfe möglich.

Info

Maßnahmen bei „sozial motivierter" Aggression

> Entzug von Privilegien: z. B. erhöhter Liegeplatz; freier Zugang zu Ressourcen wie Futter oder Spielzeug.
> Konsequentes und souveränes Verhalten des Menschen im Alltag: Der Mensch entscheidet, wann Kontakt erwünscht ist und wann nicht, er buhlt nicht um die Aufmerksamkeit des Hundes, sondern ignoriert diesen häufig.
> Übernahme der Verantwortung durch den Menschen: Übernahme der territorialen Verantwortung durch Begrüßen von Besuch, Regelung von Konflikten des Hundes mit anderen Artgenossen, Schutzfunktion in Situationen, in denen sich der Hund bedrängt fühlt.
> Geistige und körperliche Auslastung.
> Aufbau des Signals „Schluss", um eine sich aufbauende Situation zu beenden.
> Gegebenenfalls Korrektur des Hundes: Aufbau eines Tabus außerhalb einer sozial motivierten Aggression. Korrektur des Hundes für eine sozial motivierte Aggression mithilfe des Tabus (siehe Trainingsplan Tabu, S. 100).

Abrufen aus allen Situationen

Das Signal „Hier" hat für den Alltag mit Hund eine große Bedeutung. Der Mensch benötigt es nicht nur, wenn er den Hund rufen will, um den Spaziergang zu beenden und den Hund anzuleinen. Auch für den Abbruch eines unerwünschten Jagdverhaltens oder einer Scheinattacke auf einen Artgenossen oder Menschen ist ein gut aufgebautes Rückrufsignal unabdingbar und kann dem Hund gegebenenfalls sogar das Leben retten.

Da der Hund oftmals gelernt hat, ein bereits bestehendes Signal zu missachten und selbst zu entscheiden, ob er kommt oder nicht, macht es Sinn, ein vollkommen neues Signal aufzubauen. Die Verwendung einer Pfeife bietet dabei einige Vorteile. Zum einen ist sie weit zu hören, zum anderen bleibt sie emotional neutral. Der Pfiff hört sich immer gleich an, egal ob Frauchen oder Herrchen damit einfach nur den Spaziergang beenden will, oder ob der Hund beim Hetzen eines Kaninchens geradewegs auf die viel befahrene Hauptstraße zurennt.

Damit der Hund lernt, auf Pfiff zu kommen, trainiert man zunächst einmal ohne Ablenkung, entweder in den eigenen vier Wänden oder im Garten. Für das Training wird ein besonders begehrtes Leckerchen bereitgehalten, dieses sollte der Hund ohne lange zu Kauen abschlucken können, da mehrere Übungen in einem kurzen Zeitraum hintereinander durchgeführt werden sollen.

1) Melanie gibt Mia das Signal „Hiier" mit der Pfeife …

2) … und belohnt ihre Hündin sofort, als diese bei ihr ist.

1

2

Aufbau des Hier-Pfiffs

Der Hund läuft nun frei im Garten. Der Mensch macht ihn auf sich aufmerksam, indem er z. B. den Namen des Hundes ruft und ihn lockt, indem er sich hinhockt oder in die Hände klatscht. Ein Leckerchen wird dabei bereits in der geschlossenen Hand gehalten, so dass der Hund es aus der Entfernung nicht sehen kann. Er soll schließlich nicht lernen, nur zu kommen, wenn er das Futter sieht. Der Hund soll die Belohnung jedoch direkt im Anschluss an das Kommen erhalten, damit er sie mit dieser Handlung verknüpfen kann. Würde der Mensch nun erst noch lange in der Tasche kramen, um an das Leckerchen zu gelangen, hat der Hund sich eventuell schon wieder abgewendet oder aber ist mit einer anderen Sache beschäftigt. Wenn der Hund auf das Locken des Menschen hin zu diesem kommt, wird das neue Signal, also der Pfiff, gegeben, kurz bevor der Hund beim Menschen angekommen ist. So kann der Hund keinen Fehler machen. Würde der Pfiff zu Beginn des Trainings schon kurz nach dem Loslaufen des Hundes gegeben, könnte es z. B. passieren, dass dieser noch einen anderen spannenden Geruch in die Nase bekommt, dem er folgt. Den Pfiff würde er damit ignorieren und somit lernen, dass er selbst entscheiden kann, was er beim Ertönen des Signals macht.
Im Verlauf des Training wird das Signal nun immer früher gegeben, bis es schließlich zum Rufen des Hundes verwendet werden kann. Der Hund hat jetzt gelernt, das der Pfiff bedeutet: „Komm her!“ Nun steigert man langsam die ablenkenden Reize, bis der Hund schließlich auch aus einer für ihn spannenden Situation abgerufen werden kann. Je mehr der Mensch dabei den Hund beobachtet und ihn nur dann ruft, wenn er sicher ist, dass der Hund auch wirklich kommt, desto besser wird der Pfiff später auch in kritischen Situationen funktionieren.

3) Mit der Zeit kann die Distanz immer weiter aus-gebaut werden.

Territorium – Kern- und Aktionsräume

Besitznahme und Verteidigung

Viele Säugetiere betrachten einen Teil ihres Lebensraumes oder die Stelle, an der sie sich gerade befinden, als ihr Territorium, das sie gegenüber Artgenossen oder anderen Eindringlingen verteidigen. Das eigene Revier eines Tieres oder einer Tiergruppe bietet Nahrung, ermöglicht Reproduktion und sichert so das Überleben.

Das Territorium ist keine artspezifische Konstante, sondern hängt vom ökologischen Gleichgewicht ab. Vergrößert sich eine Population, steigt die Bevölkerungsdichte, die sich wiederum nur soweit verändert, wie es für eine bestimmte Tiergruppe möglich ist. Um ein Terrain wird nicht permanent gekämpft, sondern nur zu bestimmten Zeiten, z. B. zur Zeit der Fortpflanzung, bei Nahrungsmangel, Vertreibung durch „Feinde“, Expansion einer Art oder bei Neuzuzug. In einem übergeordneten Rahmen dient die Territorialität dazu, Tiere gleichmäßiger in einem Gebiet zu verteilen. Durch Druck auf den Nachbarn wird eine Verbreitung angestrebt. Ein Territorium gilt als ein Revier, das permanent gegenüber Fremden gesichert und verteidigt werden kann.

„Ethologisch kann man als Territorium jenen Raum bezeichnen, in dem ein Tier oder eine Tiergruppe über eine andere dominiert, die wiederum an einem anderen Ort dominant auftreten kann.“ (Eibl-Eibesfeldt, 1999)

Das In-Besitz-Nehmen eines Terrains signalisiert gegenüber Eindringlingen Überlegenheit und Verteidigungsbereitschaft einer Gruppe von Tieren. Grenzen werden dazu „gekennzeichnet“.

Info

Definition

Territorium = Grund, Bezirk, Herrschafts-, Staats-, Hoheitsgebiet

Territorial (lat.) = zu einem Gebiet gehörend, ein Gebiet betreffend

Amos hebt sein Bein extrem, um möglichst hoch an den Baum zu markieren.

Territoriumsgrenzen

Ein wichtiger Aspekt, um ein Territorium zu erhalten, ist das Abstecken von Grenzen. Die Duftmarkierung ist ein gezieltes Absetzen von Urin und Kot, dies wird teilweise durch Scharren untermalt. Dabei dient das Scharren nicht etwa der Verbreitung der gesetzten Duftmarke. Beobachtet man Hunde dabei, kann man feststellen, dass diese immer nach dem Markieren ein Stück weitergehen und dann erst mit Scharren beginnen. Hunde sind jedoch Lebewesen, die sehr fein kommunizieren können. Aus welchem Grund sollten sie daher die Duftmarke beim Scharren nie wirklich treffen? Das Scharren dient daher vielmehr als optisches Signal. Es soll Anwesende darauf aufmerksam machen, dass an dieser Stelle gerade eine Markierung gesetzt wurde. Oft wird es noch durch Knurren unterlegt und so zusätzlich zu einem akustischen Signal. Anwesende Personen oder Hunde werden dabei meist angeschaut, um sich zu vergewissern, dass diese das Markierverhalten auch mitbekommen haben. Zudem wird durch die Bodenverletzung, die auch einen starken Geruch absondert, eine weitere Komponente hinzugefügt. Oft werden markante Stellen oder landschaftliche Veränderungen genutzt, um eine Markierung besser zu präsentieren. Territoriumsgrenzen werden in der freien Wildbahn von Wölfen akzeptiert, bei Wanderungen werden markierte Grenzen oft umgangen, solange die eigene Existenz nicht bedroht ist.
„Deshalb müssen Inhaber eines Territoriums
1. bestrebt sein, alle Duftmarken, die nicht den eigenen Geruch besitzen, zu ersetzen,
2. sich sicher sein, dass ihr eigener Körpergeruch stark ist,
3. erreichbar sein für eine olfaktorische Investigation (Überprüfung),
4. ihre Geruchsmarken so verteilen, dass die Chance, von Eindringlingen erkannt zu werden, sehr groß ist!“
(Feddersen-Petersen, 2004)

Nach dem Markieren folgt intensives Scharren.

Boxer-Rüde Carlino schaut aus der Tür und beobachtet, wer sich dem eigenen Territorium nähert.

Aufteilung eines Territoriums

Man kann bei einem Territorium von einem Kern- und einem Aktionsraum sprechen. Im Kernraum wird der Nachwuchs großgezogen, Ruhestätte und Schlaflager befinden sich dort. Das erweiterte Territorium ist der Aktionsraum, das Jagdrevier. Die Größe eines Territoriums ist von verschiedenen Faktoren abhängig.

Kernraum für Hunde

Es ist für viele Hunde unklar, warum es in unserem Leben so viele Überschneidungen im vermeintlichen Kernraum gibt. Wie ein Hund sein Territorium aufteilt, ist sehr individuell.
Für Haushunde sind das Haus bzw. die Wohnung oder auch das Auto tendenziell dem Kernraum zugehörig, es kann auch nur ein Raum im Wohnbereich sein, den ein Hund gegenüber anderen verteidigt. Für Hunde, die im Zwinger leben, kann der Zwinger die letzte Bastion sein, die es zu verteidigen gilt. Der Garten kann je nach individueller territorialer „Interessenslage/Veranlagung“ des Hundes einen Übergang bilden oder ebenfalls dem Kernraum zugeordnet werden. Die Ursache warum, weshalb und wie ein Hund „sein“ Territorium sieht, hängt mit der Rasse, seiner Haltung und seinem Lebenslauf zusammen. So wird ein von der Rasse her territorial veranlagter Hovawart eher dazu neigen, den Garten zu verteidigen, als ein bezüglich der Rasse kaum territorial veranlagter Labrador Retriever. Wurde der Labrador Retriever jedoch von Welpe an auf einem Hof gehalten, auf dem er jederzeit frei herumlaufen und Besucher verbellen durfte, kann es sein, dass er ein ausgeprägteres terri-

toriales Verhalten zeigt, als z. B. ein Hovawart, der von Welpe an keine territoriale Verantwortung übernehmen durfte und bei der Ankunft von Besuchern z. B. zunächst einmal auf seiner Decke warten musste.

Aktionsraum für Hunde

Der alltägliche Spaziergang in gleich bleibendem Terrain wäre dem Aktionsraum (Jagdrevier) zuzuordnen. Hierbei betrachten einige Hunde die Stammwiese bzw. den täglichen Spazierweg als ihr Eigentum und verteidigen diesen. Ebenso kann das Verweilen an einer Stelle zu territorialem Verhalten führen. Das Verhalten eines Hundes verändert sich, je weiter weg er sich vom Zentrum seines „Reiches" befindet.

AUS DER PRAXIS – My home is my castle

Der Bouvierrüde Balou zeigt innerhalb des Hauses ausgeprägtes territoriales Verhalten. Besucher werden verbellt und angesprungen und dürfen sich im Haus nicht bewegen, ohne dass er sie in die Füße beißt. Im Garten dagegen, dürfen sich Besucher frei bewegen, jedoch werden auch hier vorbeigehende Menschen und Hunde verbellt. Im angrenzenden Park zeigt Balou gegenüber Menschen keinerlei aggressives Verhalten. Fremde Hunde jedoch werden imponierend gestellt. Handelt es sich dabei um einen unkastrierten Rüden, wird dieser offensiv drohend vertrieben. Geht die Familie jedoch mit Balou in einem für ihn völlig fremden Gebiet spazieren, zeigt er zwar nach wie vor Imponierverhalten gegenüber anderen Rüden, indem er sich groß macht und steif umher läuft, es erfolgt jedoch keine direkte aggressive Auseinandersetzung.

Übergang Aktionsraum – Kernraum

Für den einen Hund gibt es eine klare Unterscheidung zwischen Haus und draußen, für den anderen Hund gilt Territorialität überall. Ebenso ist es unterschiedlich, gegen wen ein Territorium verteidigt wird. Der Übergang vom Kern- in den Aktionsraum kann für viele Hunde ebenfalls zum Problem werden.

Info

Raumaufteilung

Kernraum

- Einzelne Zimmer im Wohnbereich
- Wohnung / Haus
- Garten
- Eingangsbereich, Hoftor, Gartentor
- Im oder um das Auto herum

Aktionsraum

- Bekanntes Terrain
- Längeres Verweilen an einer bestimmten Stelle
- Überall dort, wo der Hund sich außerhalb des Kernraumes befindet (z. B. Wiesen, Wege mit frontaler Begegnung)

AUS DER PRAXIS – Alles wird kontrolliert und verbellt

Frau Kall kann mit ihrem Boxer Louis, anderthalb Jahre alt, kastriert, nicht zur Gartentür hinausgehen, ohne dass er alles verbellt, was er sieht. Im Haus gibt es keine Probleme. Besucher werden zwar durch Bellen angekündigt und beim Hereinkommen angesprungen, dürfen sich dann aber frei bewegen. Hält sich Louis im Garten auf, läuft er jedoch bellend zum Zaun, wenn Menschen daran vorbeigehen. Sieht er einen Hund, steigert sich sein aggressives Verhalten. Reagiert der andere Hund ebenfalls mit Bellen, springt Louis immer wieder vor und zurück. Er hat die Nackenhaare gesträubt, der Blick geht von unten nach oben, die Hinterbeine sind eingeknickt. Diese Körpersprache zeigt, dass Louis sich seiner Handlung nicht sicher ist, er fühlt sich eigentlich in dieser Situation überfordert. Will Frau Kall mit Louis spazieren gehen, gestaltet sich der Start schwierig, wenn sich andere Menschen und Hunde auf der Straße vor dem Haus befinden. Louis springt dann in die Leine, bellt und knurrt, so dass er von Frau Kall kaum noch gehalten werden kann. Im Park darf Louis in der Regel frei laufen. Hier interessiert er sich kaum für andere Hunde. Nimmt Frau Kall ihn wieder an die Leine, geht er entspannt mit. Louis ist ein unsicherer Hund mit territorialer Veranlagung. Dies zeigt sich in seiner Körpersprache beim Verbellen am Zaun. Da ihm jedoch das Sichern des Territoriums wichtig ist, übernimmt er diese Aufgabe trotz seiner Unsicherheit. Dies führt dazu, dass für ihn besonders der Übergang vom Kern- in den Aktionsraum problematisch ist.

Territoriale Verantwortung übernehmen

Louis darf ab sofort weder im Haus noch im Garten territoriale Aufgaben übernehmen. Kommt Besuch, wird er auf einen strategisch ungünstigen Liegeplatz geschickt und darf den Besuch erst nach Aufforderung begrüßen. Im Garten darf sich Louis nicht mehr alleine aufhalten. Immer wenn Passanten – mit und ohne Hund – sich nähern, wird er auch hier auf einen Liegeplatz auf der Terrasse geschickt. Frau Kall geht dann zum Gartenzaun und begrüßt die Menschen. Wenn Louis wufft oder bellt, weil er draußen etwas gehört hat, geht Frau Kall zum Fenster und schaut einmal kurz hinaus, dann wendet sie sich wieder ihrer Beschäftigung zu. Sie zeigt damit, dass sie Louis Sorge über eine drohende Gefahr wahrgenommen und überprüft, aber für nicht bedrohlich eingestuft hat. Sie übernimmt mit diesen Maßnahmen aus Louis Sicht die territoriale Verantwortung im gesamten Kernbereich. Beim Start des Spaziergangs muss Louis ebenfalls erst einmal an der Hauseingangstür warten. Frau Kall geht das Terrain vor dem Eingangsbereich ab und demonstriert so, dass das Gebiet gesichert ist.

Der Futterbeutel

Frau Kall achtet anfangs darauf, dass beim Training mit dem Futterbeutel (siehe S. 68) keine Ablenkung durch andere Hunde oder Menschen vorhanden ist. Nähern sich Menschen, beendet sie das Training, bevor Louis anfängt zu bellen. Frau Kall wirft den Futterbeutel zuerst nach hinten in den Garten. Sie steht dabei selbst noch einige Meter von der Gartentür entfernt. Bringt Louis den Beutel zuverlässig, nähert sie sich immer mehr der Gartentür und steht schließlich auf der Straße vor dem Haus. Da die Straße auch von Autos befahren wird, ist Louis bei diesem Training zur Sicherheit an der Schleppleine. Erst wenn alles klappt, kann unter Ablenkung geübt werden. Bei der Ablenkung durch andere Hunde muss Frau Kall den Reiz dosiert steigern. Daher hat sie für die ersten Trainingseinheiten Bekannte gebeten, ihr zu helfen. Diese gehen anfangs weit entfernt vom Grundstück auf der anderen Straßenseite vorbei. Schritt für Schritt nähern sich die Bekannten dann mit ihren Hunden an das Grundstück an. Frau Kall achtet darauf, dass Louis immer noch in der Lage ist, mitzuarbeiten. Er darf den vermeintlichen territorialen Konkurrenten zwar bemerken, sich jedoch nicht so bedrängt fühlen, dass er sich nicht mehr auf das Training konzentrieren kann. Die Übung wird über mehrere Tage durchgeführt, bis Louis entspannt auch unter Ablenkung den Futterbeutel bringt.

1) Carlino muss warten, während Ellen zur Haustür geht.

2) Ellen geht als erste an die Tür, um die Besucher zu begrüßen. Carlino wartet geduldig im Hintergrund.

1

2

1

Training mit dem Futterbeutel

Viele Hunde finden Apportierspiele sehr spannend. Jedoch kann nicht jeder Hund motiviert werden, z. B. einem Ball oder einer Frisbee hinterherzulaufen. Denn ein Ball ist weder ein lebendiges Objekt wie z. B. ein Kaninchen, noch kann man ihn fressen. Gerade Hunde, die in ihrem Verhalten noch sehr ursprünglich sind, wie z. B. die nordischen Hunde wie der Husky oder aber Hunde, die lange Zeit selbst für ihr Überleben gesorgt haben, wie z. B. Straßenhunde, sehen oft keinen Sinn darin, eine spielerische Jagd auf einen Gegenstand durchzuführen. Diese Hunde kann man nur zu einem Apportierspiel motivieren, wenn dieses Spiel sinnvoll aus ihrer Sicht ist. Daher eignet sich für solche Hunde besonders das Training mit dem Futterbeutel. Der Futterbeutel ist ein Leinensäckchen, in welches Futter eingefüllt wird. Das Säckchen wird z. B. mit einem Reißverschluss verschlossen, so dass der Hund das Futter nicht selbstständig herausholen kann. Damit ein selbstständiger Hund nun aber Sinn darin sieht, sich überhaupt mit dem Futterbeutel zu beschäftigen, bekommt er sein Futter nur noch beim Training. Dadurch, dass die Beschäftigung mit dem Futterbeutel nun also existenziell wird, kann es sich der Hund nicht mehr leisten, das Spiel mit dem Futterbeutel zu ignorieren.
Natürlich kann auch jeder andere Hund lernen, einen Futterbeutel zu apportieren. Jedoch sollte möglichst immer die gesamte Bandbreite an Apportiergegenständen für ein Training genutzt werden, da eine Abhängigkeit von einem bestimmten Gegenstand sowie eine eventuelle Fixierung des Hundes auf dieses Objekt und die damit verbundene Gefahr des Balljunkies bzw. in diesem Fall des Beuteljunkies vermieden werden kann. Ein existenzielles Training mit dem Futterbeutel macht aber nicht nur für selbstständige Hunde Sinn, auch Hunde mit z. B. territorialen Aggressionsproblemen können durch dieses Training lernen, dass es wichtigere Dinge in ihrem Leben gibt, als sich mit territorialem Verhalten zu beschäftigen.

2

1) Ginala wartet gespannt, bis Andrea das Spiel beginnt.

2) Die Hündin geht begeistert auf das Spiel ein, da Andrea den Futterbeutel von ihr weg bewegt und damit Beute imitiert.

Zu Beginn des Trainings sollte ein Hund, der das Apportieren mit dem Futterbeutel lernt, immer an die Schleppleine genommen werden. Denn schnell hat er sich sonst den Futterbeutel geschnappt und läuft damit vergnügt herum oder aber begibt sich damit in eine geschützte Ecke, um den Futterbeutel aufzureißen und an den Inhalt zu kommen. Sensible Hunde sollten zuvor natürlich an die Schleppleine gewöhnt werden (siehe S. 114), diese also z. B. einige Tage tragen und das Tragen mit Futtersuchspielen positiv verknüpfen können. Dies ist zudem eine gute Möglichkeit, den Futterbeutel zu etablieren, indem der Hund erst einmal einige Tage einfach nur aus dem Futterbeutel gefüttert wird. Damit sich ein Hund nicht im Hals-/Nackenbereich verletzt, wenn er doch einmal in die Schleppleine läuft, sollte er zur Sicherheit immer ein Geschirr anstelle eines Halsbandes tragen. Auch der Mensch sollte sich durch Handschuhe und lange Hosen schützen, denn eine Schleppleine kann unangenehme Brandwunden hinterlassen.

Zur Belohnung darf Ginala am Ende des Spiels ein paar Futterbrocken aus dem Beutel fressen.

Trainingsaufbau – Motivation

Um den Hund zu motivieren, hinter dem Futterbeutel herzulaufen, wird dieser schnell hin und her über den Boden bewegt oder aber auch hoch in die Luft geworfen. Dabei muss man darauf achten, sich nicht mit dem Futterbeutel in Richtung Hund zu bewegen. Denn Beute wird sich immer vom Hund weg bewegen, kein Kaninchen läuft freiwillig in Richtung seines Jägers. Soll der Hund den Futterbeutel also als Ersatzbeute akzeptieren, muss damit Beuteverhalten so genau wie möglich nachgeahmt werden. Der Hund wird nun in kleinen Schritten für richtiges Verhalten belohnt. Anfangs genügt es, wenn er dem Futterbeutel hinterher läuft. Danach belohnt man ein Schnuppern am Beutel, ein Tasten mit der Pfote, ein Hineinbeißen, bis hin zum Aufheben des Futterbeutels. Nimmt der Hund den Futterbeutel auf, wird er in Richtung Mensch gelockt. Dabei sollte die Schleppleine eingeholt werden, so dass sich der Hund nicht wieder vom Menschen entfernen kann. Auch hier geht man schrittweise vor. Anfangs belohnt man den Hund aus dem Futterbeutel, wenn er ihn einen, später dann zwei und mehr Schritte in Richtung Mensch gebracht hat. Die Kunst eines guten Trainings liegt darin zu erkennen, wann die Anforderungen einen Schritt gesteigert werden können und wann man noch weiter auf der gleichen Stufe trainieren muss. Sollte eine Übung aufgrund einer falschen Einschätzung einmal nicht funktioniert haben, geht man beim nächsten Mal einfach einen Schritt zurück, damit der Hund die Übung nun mit Erfolg abschließen kann und eine Belohnung erhält.

Einführen eines Signalworts

Bringt der Hund den Futterbeutel zuverlässig, ist es an der Zeit, ein Signalwort wie z. B. „Bring“ einzuführen. Denn später soll der Hund erst loslaufen, wenn er das Signal dazu bekommt. Die Übungen mit dem Futterbeutel können nun variiert werden, einmal darf der Hund direkt loslaufen, wenn der Beutel geworfen wird, ein anderes Mal muss er erst noch auf das Signal warten. Der Beutel kann auch versteckt werden, so dass der Hund ausdauernd suchen muss, bis er ihn gefunden hat.

1) Der Futterbeutel wird geworfen – begeistert läuft Ginala hinterher.

2) Ginala bringt den Beutel zu Andrea, die dabei die Schleppleine Stück für Stück wieder einholt.

Testperson Jeanette trägt ein gelbes T-Shirt und hält Briefe in der Hand. Dies reicht für Finch bereits als Auslöser für territoriale Aggression, die er sonst nur gegenüber dem Postboten zeigt.

Ausrichtung des territorial aggressiven Verhaltens

Genauso wie bei der „Auswahl" des zu verteidigenden Territoriums ist eine große Palette an „Gegnern" möglich. Das aggressive Verhalten richtet sich bei jedem territorial aggressiven Hund auf andere Dinge. Oft ist es situationsbedingt oder es kommen weitere Aspekte wie sozial motivierte, sexuell motivierte oder ressourcenmotivierte Aggression hinzu.

Das aggressive Verhalten kann sich intern auf einzelne Familienmitglieder begrenzen, auch da können verschiedene Aggressionsmotivationen zusammenspielen. Andere Hunde unterscheiden zwischen fremden Menschen und den eigenen Familienmitgliedern und richten ihre Aggression nur gegen fremde Menschen. Aggressionen können sich auch nur gegen Artgenossen richten, aggressives Verhalten kann sich nur im eigenen Garten gegen Vorbeigehende richten oder nur gegenüber dem Postboten. Alle Variationen und Kombinationen sind möglich. Dazu muss immer die gesamte Situation betrachtet werden, z. B. der Lebenslauf des Hundes, die Familienstruktur, die Rasse und welche Motivationen und Instinkte noch im Spiel sind.

Potenzielle „Gegner"

> Bekannte oder fremde Erwachsene
> Fremde oder bekannte Kinder
> Bestimmte Erscheinungsbilder, z. B. Mensch mit Stock, Helm etc.
> Postbote, Putzfrau
> Staubsauger, Rasenmäher
> Artgenossen gleichen Geschlechts, beiden Geschlechts
> Jogger, Fahrräder, Inline-Skater, Mofas
> Auto, Traktor, Lastwagen

Hunderassen wurden für die unterschiedlichsten Aufgaben gezüchtet, was sich auch heute noch in ihrem Verhalten niederschlägt.

Info

Sozialisation

Unsere Hunde müssen sich in einer vielfältigen Gesellschaft zurechtfinden, weshalb eine optimale Welpenaufzucht und Sozialisation wichtig ist. Gerade territorial veranlagte Rassen sollten frühzeitig an unterschiedliche Menschen und andere Hunde herangeführt werden.

Territorial veranlagte Rassen

Das Bewachen von Hof, Haus und Vieh war bei den Menschen „früher“ und ist teilweise auch heute noch erwünscht. Dies hatte selektive Auswirkungen auf verschiedene Hunderassen unterschiedlichster Rassegruppen (Hofhunde, Treibhunde, Hütehunde, Herdenschutzhunde), die gezielt als Wachhunde gezüchtet wurden. Beispiele hierfür sind Hovawart, Briard, Schäferhund, Schweizer Sennenhund, Kangal, etc.
Die Territorialität ist je nach Rasse unterschiedlich stark ausgeprägt und sollte in der heutigen Zeit kein angestrebtes Zuchtziel sein, da die meisten Hunde heutzutage mit Artgenossen und fremden Menschen zurechtkommen müssen. Die wenigsten Menschen leben mit ihren Hunden auf einem einsam gelegenen Hof, auf dem territoriale Hunde selbstständig Entscheidungen treffen können. Durch die ständige Anwesenheit von Artgenossen oder Menschen, die sich wie z. B. Jogger und Inline-Skater in den Augen des Hundes territorial ungehemmt verhalten, stehen territoriale Hunde unter einem enormen psychischen Stress.
Das „Verteidigungsverhalten“ der verschiedenen Rassen unterscheidet sich durch die selektive Zuchtauslese und den zusätzlichen Gebrauch der Hunde, das heißt, ob sie selbstständig oder unter Anweisung gehütet haben, ob sie Großvieh getrieben oder nur Haus und Hof bewacht haben. Sennenhunde haben z. B. die Tendenz, Rinder durch Bellen anzutreiben, ausscherendes Vieh zu kneifen und sich schnell vor den ausschlagenden Hufen in Sicherheit zu bringen. Genau dasselbe Verhalten können sie durchaus zeigen, wenn sie z. B. einen Menschen nicht in den Garten lassen wollen.
Territorial veranlagte Hunde sind aus ihrer Sicht permanent in feindlichem Gebiet und müssen immer auf der Hut sein; müssen sich, das Haus, den Garten und den Menschen gegenüber Eindringlingen verteidigen. Schon der Gang in den Garten kann eine Kontrollrunde bedeuten, auf der jeder vom Grundstück verjagt werden muss.

Formen territorialen Verhaltens

Die hier genannten Verhaltensformen können territorialem Verhalten zugeordnet werden und je nach Situation mit einem Kontrahenten in territoriale Aggression umschlagen. „Territoriale" Verhaltensmuster kommen auch im Spiel, bei der Jagd, und in anderen Situationen vor. Trotzdem sollen hier die häufigsten Verhaltensweisen, die begrenzend, Platz beherrschend etc. wirken, aufgelistet werden. Ganz wichtig: Alle Verhaltensweisen müssen im Kontext einer Situation betrachtet werden, ähnlich wie im Sprachgebrauch ein Wort, das verschiedene Bedeutungen haben kann.

Imponieren

Durch imponierende Selbstdarstellung wie steifer Gang, imponierende Gangart, Rute nach oben, sich körperlich groß machen u. Ä. wird ein Adressat (Eindringling oder Revierbesitzer) zum „Dialog" aufgefordert. Wenn die Selbsteinschätzung der Situation angemessen ist und der imponierende Status vom Gegner akzeptiert wird und somit aufrechterhalten werden kann, geht der Imponierende als „Sieger aus dem Ring".

Markieren

Markiert wird, um einen Territorialanspruch zu erheben oder auch, um einen hohen sozialen Status zu demonstrieren. Dieses Verhalten kann auch an einen Adressaten gerichtet werden, um in einen Dialog einzusteigen oder zu inszenieren. Scharren und Fixieren danach untermalt das Ganze. Es kann auch ein schnelles Laufen inszeniert werden.

Für einen territorial aggressiven Hund ist ein Liegeplatz im Flur, nahe der Wohnungstür, nicht geeignet.

Schnuppern

Das eigene Revier wird durch Schnuppern auf eventuell anwesende Konkurrenten untersucht. Daraus kann sich eine Aggression gegen diese entwickeln. Schnuppern kann ein In-Besitz-Nehmen eines bestimmten beschnupperten Terrains, Gegenstands, Artgenossen oder des Menschen bedeuten, Grasfressen kann ebenfalls eine Untermalung dazu sein. Gerade bei dieser Verhaltensweise ist es wichtig, den Hund im gesamten Kontext zu betrachten. Denn Schnuppern kann z. B. auch aus jagdlicher Motivation heraus entstehen, wenn der Hund eine spannende Fährte in die Nase bekommen hat. Oder aber es dient als Konflikt vermeidende Strategie im Rahmen einer territorialen Verhaltensweise. Hierbei zeigt der Hund dann beschwichtigendes Verhalten, er wendet z. B. den Blick ab. Territoriales Schnuppern und Gras fressen wird in der Regel begleitet von imponierender Körperhaltung, der Hund zeigt dabei keine starke Erregung wie z. B. beim jagdlichen Schnuppern.

Aufstampfen

Durch Aufstampfen, um sich damit selbst darzustellen, demonstrieren manche Hunde ihre Besitzansprüche. Dies kann an der Grenze eines Terrains oder am Ende der Leine geschehen. Das Stampfen kann auch mit einem Imponiergalopp davor und/oder danach kombiniert werden.

Fixieren

Fixieren ist ein Drohen auf Distanz, es kommt auch in der Kombination mit Hinlegen, Anschleichen und Hinlaufen vor.

Gaia und Devil gehen frontal imponierend aufeinander zu.

1) Laika richtet fixierend den Blick auf einen entgegenkommenden Hund.

2) Sie legt sich flach auf den Boden, fixiert weiter und ist jeden Moment bereit aufzuspringen und auf den entgegenkommenden Hund zuzulaufen.

Frontales „Stellen"/Rempeln

Mit Tempo auf ein Gegenüber zulaufen und unvermittelt mit einem Sprung vor der Nase des anderen landen, ohne vorherigen Körperkontakt. Nutzt den Überraschungseffekt des Erschreckens und meist folgt ein Zurückweichen des anderen Hundes. Die Steigerung dieser Form der Erstbegegnung ist ein Anspringen mit Körperkontakt, was den anderen auch schon mal zu Fall oder ins Straucheln bringen kann.

Schnelles frontales Zulaufen auf ein Gegenüber

Auch dieses Verhaltensmuster dient dazu, sein Gegenüber mit Tempo zu überraschen und/oder aus der Reserve zu locken und selber den Erstkontakt in der offensiveren Position zu nutzen. Kombinationen mit imponierenden Gangarten kurz vor der Begegnung unterstützen den Zweck.

Anschleichen

Das Anschleichen tritt oft in Kombination mit Fixieren auf. Es kommt aus dem Funktionskreis der Jagd und wird auch als territoriales Verhaltensmuster benutzt.

Das konkrete Muster sieht folgendermaßen aus: fixieren > anschleichen > jagen oder auf das Gegenüber zulaufen > frontales „Stellen" > Kontakt.

T-Stellung

Die T-Stellung ist eine ganz klare territoriale Begrenzung in der Offensive, bei welcher der Aggressor den T-Balken bildet. Sie wird beim Menschen oft auch mit Anlehnen in T-Stellung vor dem Menschen gezeigt, als Mischung aus territorialem Begrenzen und Besitzanspruch. Eine ähnliche Situation kann sich bei „Begrüßungszeremonien" von Hunden gegenüber dem Hundehalter oder Besuchern zeigen.

Wegabschneiden/Überholen
Alle möglichen Variationen kommen vor.
Ohne Körperkontakt:
> Leichten Bogen vor dem anderen Hund laufen
> Wie zufällig „traversieren“
> Seitliches Abdrängen
Mit Körperkontakt:
> Seitliches Anspringen: Der Hund läuft in schnellem Tempo (im Trab oder Galopp) an die Seite des zweiten Hundes und streift im Sprung wie zufällig diesen Hund.
> Rempeln: Der Hund läuft in schnellem Tempo an die Seite des zweiten Hundes, mit einem seitlichen Impuls der Hüfte wird dieser touchiert bis gerempelt.
> In Extremitäten beißen: Dem Hund geht es darum, sich den Vortritt auf ein neues Gebiet zu verschaffen, entweder mit dezenten Andeutungen oder mit allen Mitteln.

Territorial motivierte Aggression

Territorial motivierte Aggression hat eine arterhaltende Funktion. Es wird dabei versucht, das Terrain gegenüber Eindringlingen zu sichern, sie zu verjagen oder anzugreifen und damit z. B. den Nachwuchs und das Jagdgebiet zu sichern. Die Aggressivität verstärkt sich, je näher sich ein Eindringling dem Kernraum nähert. Dies ist auch dadurch bedingt, dass es im Kernraum keine weiteren Rückzugsmöglichkeiten gibt und der Nachwuchs existenziell gefährdet wäre. Je geringer die Bevölkerungsdichte einer Art, desto seltener sind territoriale Auseinandersetzungen. Seltener bedeutet in diesem Zusammenhang allerdings nicht auch zeitgleich weniger heftig. Die Massivität der territorialen Aggres-

Devil (rechts) weicht seitlich aus, legt seine Ohren zurück und signalisiert damit, dass er einem Konflikt ausweichen möchte.

Ronja maßregelt Devil durch Anrempeln und Nackenstoßen in Kopf- und Halsbereich.

sion lässt sich nicht in Korrelation zur Quantität der Population setzen. Das Erscheinen eines Artgenossen, selbst ohne physischen Kontakt auf einem Terrain, kann schon ein „Verteidigungs- oder Angriffsverhalten" auslösen. Revierstreitigkeiten finden bei Wildcaniden hauptsächlich, wie schon erwähnt, bei der Reviergründung statt, gelegentlich noch beim Eindringen Fremder, höchst selten jedoch mit dem Nachbarn. Territorial motivierte Aggression kann in existenziell bedrohlichen Situationen zu ernsten Verletzungen oder zum Tod des Eindringlings führen.

Missverständnisse in der Kommunikation

Der Territorialinstinkt ist ein fester Bestandteil zur existenziellen Sicherung eines Hundes bzw. eines Rudels, das heißt, jeder Hund ist mehr oder weniger territorial veranlagt. Oft entwickeln sich Missverständnisse in der Kommunikation zwischen Mensch und Hund: Hektisch werden, wenn es klingelt; den Hund anschreien, damit er mit dem Bellen aufhört; am Halsband packen und beruhigend auf den Hund einreden, wenn der Postbote oder ein Gast vor der Tür steht.

Diese Verhaltensweisen führen zu einer Verstärkung des gezeigten Verhaltens des Hundes. Der Mensch ist aus Sicht des Hundes mit der territorialen Sicherung überfordert, da er sich nicht gelassen und entspannt verhält. Das Anschreien kann die Aggression des Hundes verstärken, da es aus seiner Sicht eine Aufforderung des Menschen sein kann, ihm bei der Sicherung des Terrains zu helfen. Das Fassen am Halsband bringt sofort Spannung in die Situation, das beruhigende Einreden auf den Hund zeigt diesem, dass es sich hier um eine besondere Situation handelt, so dass besser Vorsicht angesagt ist. Kommt zur territorialen Thematik noch eine sozial ungeklärte Rangordnung innerhalb der Familie hinzu, sind der Variationsform, gegen wen und in welcher Ernsthaftigkeit die Aggression ausgelebt wird, keine Grenzen gesetzt.

Verhalten bei Besuch

Gerade territorial veranlagte Hunde sollten nicht die Aufgabe übernehmen, Besucher zu begrüßen und diese somit abzuchecken. Schnell wird dann aus einer anfangs noch freudig übernommenen Aufgabe als „Pförtner", der als erstes prüft, ob der Besucher willkommen ist und auch genügend Gastgeschenke in Form von Streicheleinheiten oder gar Futter mitgebracht hat, eine Entscheidung darüber, wer überhaupt noch das Haus betreten oder aber wieder verlassen darf.

Richtiges Verhalten – von Welpe an!

Da ein Welpe noch nicht lange und vor allem unter großer Ablenkung auf seinem Platz liegen bleiben kann, empfehle ich ihn an die Leine zu nehmen, wenn Besucher kommen. Verhält er sich ruhig und akzeptiert, dass er nicht den ersten Kontakt zum Besuch hat, darf er selbstverständlich abgeleint werden und Kontakt aufnehmen. Man kann den Welpen natürlich auch einfach frei herumlaufen lassen. Diese Vorgehensweise ist für alle Beteiligten die Beste, man muss den Besuch allerdings instruieren, den Welpen zunächst einmal zu ignorieren. Erst wenn alle Menschen im Raum begrüßt wurden, wird der Welpe beachtet, wenn er ruhiges und abwartendes Verhalten zeigt.

Training mit dem erwachsenen Hund

Hat ein Hund sich bereits angewöhnt, immer zur Tür zu laufen, um Besuch als erster zu begrüßen, wird das Training etwas aufwendiger. Im ersten Schritt wird dem Hund eine Liegestelle zugewiesen (siehe S. 52). Beherrscht er das Signal „Decke", kann ein Training mit Besuch

Das Anspringen von Besuch kann vermieden werden, indem man den Hund an die Leine nimmt und neben sich sitzen lässt. Das Sitz muss zuvor trainiert werden.

gestartet werden. Zunächst einmal wird dazu ein Helfer benötigt, der die Klingel betätigt. Denn häufig reicht bereits das Ertönen dieser, um den Hund zu erregen. Der Helfer betätigt auf ein Zeichen die Klingel – hier kann z. B. ein Handy zu Hilfe genommen werden. Läuft der Hund nun aufgeregt und vielleicht sogar bellend zur Tür, spricht man ihn an und schickt ihn ruhig auf seine Decke. Sollte der Hund hierbei nicht an-sprechbar sein, befestigt man am Halsband eine etwa 1 m lange Trainingsleine. Diese Leine sollte keine Schlaufen oder Ösen haben, da der Hund sie ab sofort für die Dauer des Trainings im Haus trägt. Nun kann man einfach die Leine aufnehmen und den Hund auf seinen Platz führen. Dort bekommt er das Signal „Decke“. Diese Übung wird mehrmals wiederholt, der Hund muss nach dem Klingeln einen immer längeren Zeitraum liegen bleiben, bevor er eine Belohnung und das Signal zum Aufstehen bekommt. Im nächsten Schritt soll der Besucher hereinkommen. Jetzt ist es wichtig, dass man sich wirklich dem Besuch widmet und nicht die ganze Zeit damit beschäftigt ist, den Hund im Auge zu behalten. Dieser wird beim Ertönen der Klingel wieder auf seinen Platz geschickt und dort angeleint. Die Leine wird dabei an einem schweren Möbelstück oder an einem fest verschraubten Haken in der Wand befestigt. Nun kann man sich voll und ganz dem Besuch widmen, diesen begrüßen und hereinführen. Der Hund wird dabei ignoriert. Da ein etwaiges Aufstehen des Hundes und Auflösen des Signals „Platz“ somit nicht kontrolliert bzw. korrigiert werden kann, sollte der Hund auf der Decke lediglich das Signal „Bleib“ erhalten. Da er angeleint ist, kann er dieses Signal nicht selbstständig auflösen!

Info

Ursachen für territoriales Verhalten

- Rassebedingter ausgeprägter Instinkt für Territorien (Hovawart, Kangal, Kuvasz, Owtscharka, Riesenschnauzer, Deutscher Schäferhund, etc.).
- Fehlende Strukturen im sozialen Verband, keine Übernahme territorialer Verantwortung durch den Menschen, vor allem in Kombination mit unsicherem und unsouveränem Charakter des Hundes.
- Fehlinterpretation von Körpersprache und Kommunikation bei Hunden und das Dulden von territorialen Verhaltensweisen, wie z. B. das maßregelnde Anspringen von Besuchern.
- Verselbstständigen von territorialen Verhaltensweisen bei Hunden, die alleine im Garten oder Zwinger gehalten werden.
- Unzureichend beschäftigte Hunde, die, sich selbst überlassen, negative Verhaltensmuster entwickeln.

Probleme bei territorial veranlagten Hunden

Das folgende Verhalten muss immer im territorialen Kontext gesehen werden. Es führt nicht zwangsläufig zu einem aggressiven Verhalten. Probleme in Haus und Garten:

- Anspringen von Familienmitgliedern und/oder Besuchern
- Einschränken der Bewegungsfreiheit von bekannten oder unbekannten Menschen im Haus durch Knurren, Verbellen, Beißen, Umkreisen, T-Stellung, Hinlaufen, frontales Verbellen, Anspringen, Anlehnen
- Bestehen auf privilegierte Plätze und deren Verteidigung
- Wohnbereich durch Aussicht aus einem Fenster verteidigen
- Häufiges Bellen in verschiedenen Situationen
- Unruhiges bis gestresstes Verhalten im Wohnbereich

Probleme im Aktionsraum:

- Ziehen an der Leine
- „Verteidigungsverhalten“ beim Verlassen des Kernraums – wozu auch das Auto gehört. Starkes Verteidigen des Fahrzeugs, Attacken im Auto gegenüber anderen Hunden, die am Auto vorbeigehen
- Verbellen und Attackieren von bewegten Objekten, Menschen oder Hunden beim Eintreten in den Aktionsraum
- Auf neuem Terrain nicht oder schlecht ansprechbar
- Keine Annahme von Futter im Aktionsraum
- Schlechtes Zur-Ruhe-Kommen in fremdem Gebiet
- Verteidigen des Hundehalters und/oder eines bestimmten Terrains, Probleme beim Unterschreiten der Individualdistanz (z. B. wenn der Hundehalter von einer Person mit Handschlag begrüßt wird)
- Intoleranz Artgenossen gegenüber
- Intention, alles zu stoppen, was sich bewegt (Kinder, Fahrradfahrer etc.)
- Splitten von tobenden Hunden
- Anspringen von fremden Menschen

Lotta kommt über die Wiese gefegt, direkt auf Martin und Mina zu. Martin geht einen Schritt dazwischen und blockt den Labrador ab. Er übernimmt in dieser Situation die Verantwortung für Mina.

Territoriale Verantwortung

Hunde müssen territorial begrenzt werden, um sie zu entlasten. Die Verantwortung in territorialen Angelegenheiten muss deshalb vom Menschen übernommen werden:

> Territorien abgehen, abchecken. Fremdes Terrain als Erster betreten (als Erster aus der Haustür/aus dem Auto) und kontrollieren. Dabei sollte man jedoch nicht übertreiben, ein kurzes Umschauen genügt. Ein übertriebenes Kontrollieren würde dem Hund zeigen, dass der Mensch nur verminderte Fähigkeiten besitzt, Situationen einzuschätzen. Schließlich hat der Hund selbst mit einem Blick festgestellt, ob sich im vor ihm liegenden Terrain gerade Konkurrenten befinden.

> Auf Warnwuffen und erstes Ansetzen von Bellen eingehen und nachschauen, was los ist. Wichtig ist dabei, den Hund zu ignorieren und ihm keine Möglichkeit zu geben, ebenfalls zu kontrollieren.

> Den Hund nicht alleine in Bereichen lassen, an denen Territoriumsgrenzen direkt an den durch vermeintliche Konkurrenten genutzten Aktionsraum grenzen, wie z. B. im Gartenbereich an der Straßenfront.

> Besucher körperlich begrüßen, Sitzplatz zuweisen etc. Der Hund darf sich erst auf das Signal des Menschen nähern.

> Übergangslösungen für die Zeiten mit Besuch suchen: z. B. Hund im Auto lassen oder ihn an eine Box gewöhnen (siehe S. 82).

> Den Hund im Aktionsraum vor den Problembereichen, wie z. B. vor Kindern, fremden Menschen oder anderen Hunden abschirmen. Der Mensch stellt sich hierbei seitlich vor den Hund, um als erster der Gefahr zu begegnen. Dem eigenen Hund dabei also nicht den Rücken zudrehen, um gegebenenfalls bei aggressivem Verhalten des Hundes schnell handeln zu können.

> Frei laufende Hunde, die sich nähern, sollten aktiv vom Menschen vertrieben werden.

Wichtig

Verhalten im Kontext betrachten

Wie bei den Verhaltensweisen beschrieben, müssen Symptome und Probleme im Kontext betrachtet werden. Es sind immer mehrere Komponenten, die ein bestimmtes Verhaltensmuster bewirken. Angestrebt werden soll eine klare hierarchische Struktur, in welcher der Mensch eine beziehungsorientierte Führungsposition hat, die aber stets auf die individuellen Bedürfnisse des Sozialverbandes eingehen sollte.

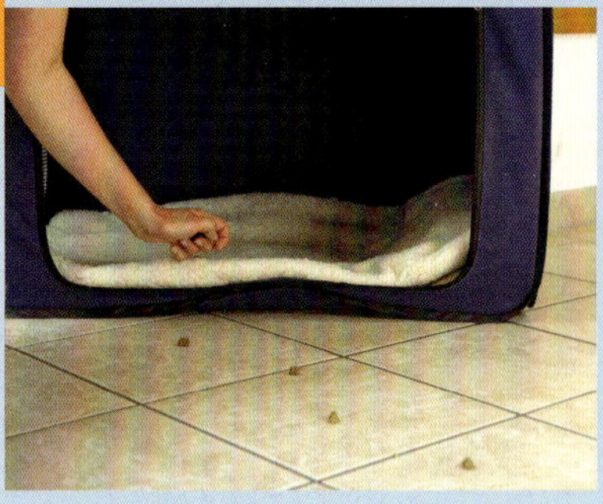

Gewöhnung an eine Box

Um den Hund an den Aufenthalt in der Box zu gewöhnen, wird diese zunächst einmal im Wohnraum aufgestellt. Sie ist anfangs noch geschlossen, der Hund soll sich einfach nur an den zusätzlichen Gegenstand im Raum gewöhnen. Die Box kann auch spannend gemacht werden, indem dort ein besonderer Leckerbissen wie z. B. ein Schweineohr hineingelegt wird. Die Box bleibt aber weiterhin verschlossen, der Hund darf noch nicht hinein. Nimmt der Hund nun die Box als alltäglichen Gegenstand wahr bzw. hat er Interesse an der Box bzw. dem Schweineohr, kann die Tür geöffnet werden. Jetzt darf er das Ohr herausholen und man beginnt, den Hund in der Box zu füttern. Anfangs wird einfach die gesamte Ration Futter in die Box gegeben. Der Hund darf hineingehen und das Futter komplett auffressen. Der Vorteil gegenüber dem Schweineohr ist, dass der Hund das Futter nicht mehr so einfach herausholen und draußen fressen kann. Geht der Hund ohne Probleme in die Box und frisst, werden im nächsten Schritt nur noch einzelne Futterbrocken in die Box geworfen. Der Hund soll dabei jedes Mal, wenn er das Futter gefressen hat, wieder herauskommen. Immer wenn er in die Box geht, um das nächste Futterstück zu suchen, kann man ihm dabei das Signal „Box" geben. Dieses Wort wird damit zum Signalwort, mit dem der Hund später auch aus weiterer Entfernung in die Box geschickt werden kann.

Immer länger in der Box

Im nächsten Schritt bekommt der Hund nun wieder einen Kauartikel, wenn er in die Box gegangen ist. Kommt er damit heraus, nimmt man ihm diesen wieder ab. Er soll lernen, dass er diesen nur in der Box fressen darf. Nun beginnt man Schritt für Schritt die Tür der Box zu schließen. Anfangs nur einige wenige Sekunden, später immer länger. Der Mensch bleibt dabei vor der Box sitzen, er verlässt den Raum nicht. Der Hund soll nicht das Gefühl bekommen, weggesperrt zu sein. Die Zeit wird nun immer weiter ausgedehnt, der Hund soll im nächsten Schritt auch in der Box bleiben, wenn er den Kauartikel bereits aufgefressen hat. Dieses Training sollte anfangs besonders dann durchgeführt werden, wenn der Hund gut ausgelastet ist oder zu Zeiten, in denen er sowieso gerade seine Ruhephase hat. Sollte der Hund dabei anfangen zu jammern oder zu bellen, wird er einfach ignoriert. Ein Hund, der allerdings Panik in der

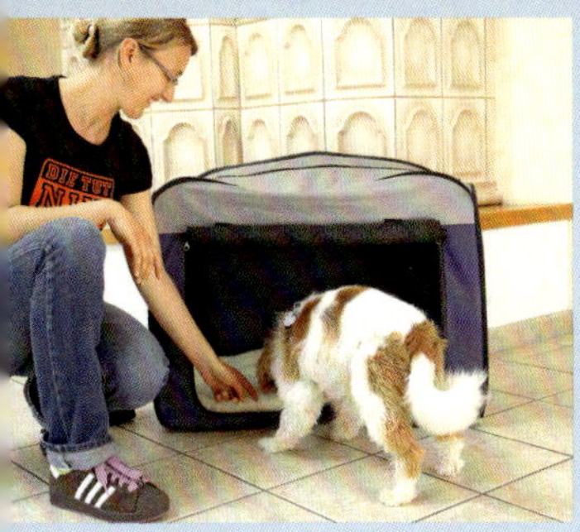

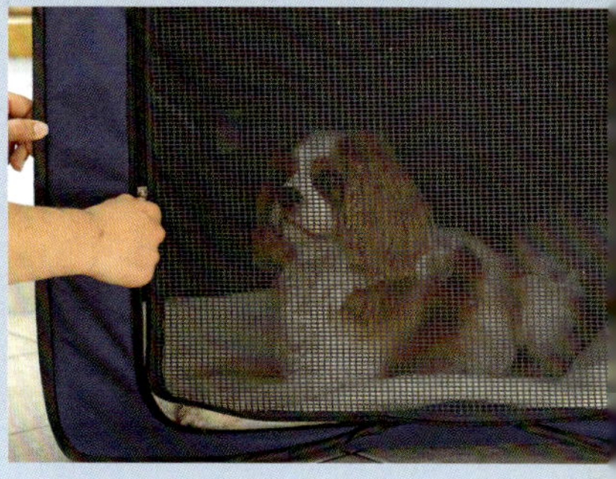

geschlossenen Box bekommt und aus diesem Grund bellt, darf niemals in der Box gelassen werden. Ein panischer Hund hat große Augen, hechelt stark und zittert oftmals am ganzen Körper.

Individuelles Training

Bleibt der Hund entspannt für einige Minuten in der Box, wird die Zeit immer weiter ausgedehnt. Der Mensch kann sich nun auch für einen kurzen Augenblick aus dem Zimmer entfernen, um alltäglichen Dingen nachzugehen. Schritt für Schritt steigert man die Zeit sowie das Entfernen des Menschen, bis der Hund auch für einen längeren Zeitraum ohne Anwesenheit des Menschen entspannt in der Box bleibt. Da sich der Hund jedoch in einer Box nicht bewegen kann, darf der Aufenthalt immer nur einen begrenzten Zeitraum einnehmen. Der Hund muss im Anschluss daran die Möglichkeit erhalten, sich entsprechend zu bewegen! Ein Training erfolgt immer individuell am Hund orientiert, die Trainingsschritte müssen so gestaltet werden, dass der Hund die Box als etwas Angenehmes empfindet. Bei regelmäßigem Training, das mehrmals am Tag durchgeführt wird, ist eine Gewöhnung an die Box in der Regel innerhalb von 2 bis 4 Wochen erreichbar.

Werden Hunde langsam an eine Box gewöhnt, wird dieser Ort zur sicheren Höhle und zu einem ruhigen Rückzugsort.

Territoriale Begrenzung im Haus

Um dem Hund zu verdeutlichen, dass er keine Verantwortung für ein Territorium zu übernehmen hat, muss der Mensch ihm klarmachen, dass er diese Verantwortung übernimmt und den Hund territorial begrenzen:

- Türen vor der Nase des Hundes zumachen, wenn dieser sonst hinter einem herläuft.
- Räume tabuisieren, indem man sich alleine darin aufhält.
- Feste Liegestelle etablieren.

Schaffen eines „neuen Arbeitsplatzes"

Gerade bei der Problematik territorialer Aggression ist es wichtig, den Hund nicht nur zu begrenzen, damit keine Frustrationen und somit weitere Auslöser für Aggressionen entstehen können. Es muss ein „neuer Arbeitsplatz", individuell auf den Hund abgestimmt, geschaffen werden und der Hund muss geistig wie auch körperlich ausgelastet werden. Grundsätzlich sollte für ein Verhalten, das dem Hund abgewöhnt

Alles im Blick!

werden soll, ein alternatives Verhaltensmuster aufgebaut werden. Der Hund muss die Chance bekommen, sich anderweitig „auszuleben". Dies ist besonders bei territorial veranlagten Rassen wichtig, da diese häufig sehr körperliche und vor allem aktive Rassen sind. Regelmäßige körperliche Auslastung durch die Begleitung des Menschen beim Joggen oder Radfahren sowie geistige Auslastung z. B. durch Apportierübungen sind daher unerlässlich.
Da jedoch die territoriale Veranlagung eines Hundes nicht verringert werden kann, ist es wichtig, den Hund dieses Bedürfnis auch in einem begrenzten Rahmen ausleben zu lassen. Hier bietet sich z. B. an, einen Teil des Gartens abzutrennen, indem der Hund dann selbstständig territoriale Verantwortung übernehmen darf. Dieser Bereich sollte natürlich im hinteren Bereich des Grundstücks liegen, abseits von der Grundstückseingangstür sowie angrenzenden Straßen und Wegen. Hier kann der Hund seine Bedürfnisse ausleben, ohne durch Überforderung in Stress zu geraten bzw. durch unangebrachtes Verhalten das Leben der Menschen einzuschränken.

Korrektur von unerwünschtem Verhalten
Verhalten, das bereits über einen langen Zeitraum ausgeführt wurde, ist oftmals ritualisiert, so dass es sich nicht alleine durch eine Veränderung der Lebensbedingungen oder Umlenken des Verhaltens auf eine andere Beschäftigung einstellt. In einem solchen Fall kann eine Korrektur des Hundes während der territorial motivierten Aggression nötig werden. Hierbei gibt es generell zwei Möglichkeiten:
> Der Halter korrigiert den Hund.
> Der Besucher/Passant korrigiert den Hund.

Gerade bei der Problematik des Anbellens von Passanten am Zaun, eignet sich die Korrektur durch die Passanten selbst. Der Hund erfährt hier eine Verunsicherung, da die Passanten sich bisher ja immer brav gezeigt und sich vom Zaun entfernt haben. Für eine solche Korrektur sollte ein Helfer hinzugezogen werden, der den Hund im richtigen Moment korrigiert, z. B. mit einer Wasserspritze. In dem Augenblick, in dem der Hund in den Zaun springt, betätigt der Helfer die Wasserspritze. Danach geht er vollkommen ruhig und unbeteiligt weiter. Den Augenblick der Verunsicherung kann der Halter nun nutzen, um seinen Hund zu rufen. Eine Korrektur durch den Halter ist in einer solchen Situation aufgrund der Entfernung oft nicht möglich. Soll diese Möglichkeit der Korrektur dennoch gewählt werden, muss vorab bereits das Unterbrechen einer Handlung in Form eines Tabus in einer entspannten Situation aufgebaut werden. Wird das Tabu erst jetzt, in dieser für den Hund angespannten Situation, das erste Mal durchgeführt, kann es sein, dass keine Wirkung erfolgt. Denn schließlich geht es hierbei nicht darum, dem Hund körperlich Gewalt anzutun, sondern einen Schreckmoment zu erzeugen. Dann kann eine Korrektur des Hundes z. B. mit der Wasserspritze erfolgen. In dem Augenblick, in dem der Hund Richtung Zaun rennt, fixiert der Mensch den Hund, spricht das Korrekturwort und korrigiert den Hund, indem er die Wasserspritze betätigt.

Vorsicht

Gegenaggression

Da es bei einer Korrektur immer auch zu einer Gegenaggression kommen kann, bzw. der Hund durch falsche Anwendung oder falsches Timing durch die Korrektur traumatisiert werden kann, sollte hier professionelle Hilfe durch einen Hundetrainer gesucht werden. Die Folgen eines falschen Einsatzes einer Korrektur können sonst zu einer Verschlimmerung des Problems führen!

Sexuell motivierte Aggression – die Sache mit der Konkurrenz

Die sexuell motivierte Aggression fängt erst mit Beginn der Geschlechtsreife an. Diese lässt sich nicht auf einen bestimmten Zeitpunkt festlegen, vielmehr unterscheidet sie sich individuell je nach Rasse bzw. sogar individuell je nach Hund. Generell kann man sagen, dass kleinere Rassen früher geschlechtsreif werden als größere. So werden Terrier z. B. sehr häufig bereits mit 5–6 Monaten geschlechtsreif, während Rassen wie z. B. der Golden Retriever oder der Schäferhund erst mit 9–12 Monaten diese Entwicklung vollziehen. Aber auch innerhalb einer Rasse variiert dieser Zeitpunkt, so kann ein Schäferhund durchaus auch erst mit 15 bis 18 Monaten geschlechtsreif werden! Der Zeitpunkt der Geschlechtsreife zeigt sich bei der Hündin durch die erste Läufigkeit, beim Rüden durch das Heben des Beins beim Markieren sowie einem generell gesteigerten Interesse an Hündinnen.

Aggression Rüde gegenüber Rüde

Über Rivalenkämpfe zwischen Rüden werden die Sieger für die Fortpflanzung selektiert. Gleichzeitig führen sie zur Bildung von Rangordnungen innerhalb einer festen Gruppe. In den Kampfformen gegenüber Artgenossen/Konkurrenten haben sich bestimmte Hemmmechanismen ausgebildet, die das Töten von Artgenossen verhindern. Der Kampf erhält so einen Turniercharakter. Es entstehen Kommentkämpfe.

1) Amos versucht aufzureiten, um Quintin zu begrenzen.

2) Quintin entzieht sich der Situation. Amos geht imponierend drohend hinterher.

1

2

Unterschied: Komment- und Ernstkampf

Ein Kommentkampf beginnt in der Regel mit der Durchführung von wechselseitigem Imponierverhalten. Kommt es zu aggressiven Handlungen, laufen diese mit einem tendenziell lauten Geräuschpegel ab. Der Kommentkampf zielt immer darauf ab, dass sich ein Hund unterwirft und somit eine Rangordnung hergestellt werden kann, die in Zukunft weitere Auseinandersetzungen verhindert.
Ein Ernstkampf ist nicht darauf ausgerichtet, dass sich einer der Hunde unterwirft, es geht um gehemmte bzw. ungehemmte Beschädigung. Vor einem Ernstkampf wird nicht immer imponiert, sondern relativ zeitnah offensiv gedroht. Dieser Kampf geht in der Regel deutlich leiser vonstatten, als der Kommentkampf.

Problematik durch nicht eindeutig abgegrenzten Aktionsraum

Manche Rüden verhalten sich gegenüber vielen fremden Rüden auf dem täglichen Spaziergang aggressiv. Diese Hunde zeigen alle Verhaltensweisen, die in einem Rudel dazu dienen, einen hohen Status zu demonstrieren. Eine eindeutige Abgrenzung des Aktionsraums kann in der heutigen Zeit für Hunde aufgrund der starken Besiedlung kaum noch stattfinden. Ständig trifft ein Hund auf die Gerüche neuer fremder Hunde. Und im Park sind sich frei bewegende „Konkurrenten“ Alltag. Bei unkastrierten Rüden kann die Konkurrenz gegenüber ebenfalls unkas-trierten Rüden stärker sein als gegenüber kastrierten Rüden. Dadurch, dass sich außerhalb einer Gruppe keine festen Rangordnungen bilden können, kann so ein Verhalten für den betreffenden Hund zu Dauerstress und einem ewigen Wettstreit ohne Gewinner führen.

Amos steht stocksteif da, legt seinen Kopf auf Arjunas Rücken, rempelt ihn an und droht. Arjuna reagiert darauf sehr eingeschüchtert.

Dieser Golden Retriever droht und springt in die Leine.

Mögliche Ursachen für Aggressionen Rüde – Rüde

a) Sexuelle Konkurrenz – tritt häufig bei unkastrierten Rüden auf, kann erlerntes Verhalten sein.

Beispiel: Der unkastrierte zwei Jahre alte Golden Retriever Rüde Balou von Familie Schranz gehorcht seit Beginn der Geschlechtsreife nicht mehr. Seit Balou anfing, sein Bein zu heben, entfernt er sich auf dem Spaziergang immer weiter von seinen Haltern. Wenn am Horizont ein anderer Hund auftaucht, läuft Balou auf diesen zu und ignoriert das Rufen seiner Menschen. Balou wurde bezüglich des Verhaltens nie kontrolliert bzw. korrigiert, indem er z. B. durch eine Schleppleine am Weglaufen gehindert wurde. Mit zunehmendem Alter veränderte sich zudem sein Umgang mit anderen gleichgeschlechtlichen Artgenossen. Balou wurde im Umgang mit anderen Rüden immer distanzloser und körperlicher: Rempeln, Kopf auflegen und Aufreiten sind an der Tagesordnung. Inzwischen kann Familie Schranz Balou nicht mehr frei laufen lassen, da es mit anderen unkastrierten Rüden regelmäßig Beißereien gibt. Auch an der Leine fixiert Balou andere Rüden bereits aus der Entfernung und zeigt beim Näherkommen aggressives Verhalten wie tiefes Knurren und in die Leine springen.

Training: Balou darf erst einmal nicht mehr frei laufen, damit er Signale von Frau Schranz nicht mehr ignorieren kann. Auch in der Wohnung gibt es für ihn keine Privilegien mehr. Es wird ein neues Rückrufsignal aufgebaut und Balou wird seiner Veranlagung gemäß durch Apportiertraining geistig und körperlich ausgelastet. Bei Begegnungen an der Leine wird das aggressive Verhalten zunächst durch Futtersuchspiele, danach durch Beutetragen umgelenkt. Jeglicher Beginn von Aggression wie z. B. das Fixieren wird bereits im Ansatz unterbrochen. Da sich bei Balou jedoch keine deutliche Besserung zeigt, wird er zunächst chemisch kastriert (siehe Info), woraufhin große Fortschritte zu erkennen sind. Als die Wirkung des Kastrations-Chips nachlässt, verändert sich Balou jedoch wieder, das aggressive Verhalten steigert sich erneut. Daher entschließt sich Familie Schranz, Balou kastrieren zu lassen. Das Training wird im Anschluss daran weiter durchgeführt, so dass Balou nach etwa einem halben Jahr entspannt an der Leine geht und auch im Umgang mit anderen Rüden deutlich gelassener ist.

b) Ranghohe Position innerhalb der Familie – der Hund betrachtet seine Sozialpartner (Mensch oder Artgenosse) als Besitz bzw. Partner und schirmt sie gegenüber Fremden ab.
Ein Hund kann anhand des Geruchs unterscheiden, ob es sich um einen Mann oder eine Frau handelt, und sich dementsprechend die Sozialpartnerin bzw. den entsprechenden Sozialpartner aussuchen, die oder den er als seinen Besitz gegenüber anderen Artgenossen oder Menschen verteidigt.

Info

Chemische Kastration

Eine gute Möglichkeit, die Auswirkung einer Kastration auf das Verhalten zu testen, bietet der Kastrations-Chip. Er wird unter die Haut implantiert und sein Wirkstoff blockiert die FSH- und LH-Hormonproduktion, was bei Rüden zu einem niedrigeren Testosteronspiegel führt.

Der Golden will sich Amos annähern. Dieser zeigt zwar starkes Imponiergehabe, die Leine bleibt jedoch locker durchhängend.

Beispiel: Der sechsjährige unkastrierte Deutsch Drahthaar Rüde Atze von Frau Holl zeigte die ersten Jahre keine Probleme im Verhalten gegenüber anderen unkastrierten Rüden. Nachdem sich jedoch Frau Holl vor einem halben Jahr von ihrem Partner getrennt hat, begannen die Probleme. Atze zeigte zunächst starkes Imponiergehabe, wenn Frau Holl mit ihm im Park spazieren ging und sie auf andere Rüden trafen. Da es jedoch keine aggressiven Handlungen gab, griff Frau Holl nicht ein. Zuhause wurde Atze von ihr verwöhnt. Er erhielt einige Privilegien, die zuvor nicht erlaubt waren, wie z. B. das Schlafen im Bett. Nach einiger Zeit veränderte sich das Verhalten von Atze gegenüber Rüden. Er fixierte Rüden, die sich Frau Holl näherten und knurrte sie weg. Eines Tages wollte Frau Holl den Rüden einer Bekannten streicheln, als Atze sich auf diesen stürzte und ihn so heftig attackierte, dass er mit mehreren Stichen genäht werden musste.
Atze hatte in der Beziehung die Rolle des ranghöchsten Rüden übernommen, er fing an, Frau Holl als seine Partnerin zu betrachten, die er vor anderen Rüden verteidigte. Frau Holl musste zunächst einmal viele Veränderungen im Alltag durchführen. Atze durfte nicht mehr auf dem Sofa oder im Bett liegen, sondern bekam einen festen Platz zugewiesen. Zudem musste sie Atze häufig ignorieren und auf Forderungen von ihm nicht eingehen. Atze brauchte auch mehr Auslastung, als aktiver Jagdhund musste er körperlich und geistig beschäftigt werden. Begegnungen mit anderen Rüden wurden ebenfalls über eine Umlenkung durch Futter trainiert. Frau Holl lernte Atzes Körpersprache zu lesen und ihn bereits bei den ersten Ansätzen von Imponierverhalten abzurufen.

Debby mit offensiver Drohmimik (Nase kraus, vordere Zähne entblößt, Blick nach vorne gerichtet).

Aggression Hündin gegenüber Hündin

Unkastrierte Hündinnen mit einem hohen Status dulden unter Umständen keine fremden Hündinnen in ihrer Nähe. Die Auseinandersetzungen zwischen Hündinnen sind in der Regel weniger ritualisiert als bei Rüden. Sie zielen eher darauf ab, die Gegnerin gezielt zu verletzen oder gar zu töten, weil so die Ressourcen für den eigenen Nachwuchs gesichert werden können und diese nicht mit dem eventuellen Nachwuchs einer Konkurrentin geteilt werden müssen. Zum Glück ist dieses Verhaltensmuster bei unseren Haushunden sehr selten so stark ausgeprägt, so dass es zur Tötung der Konkurrenz nur sehr selten kommt. Sicherlich alleine dadurch schon nicht, dass Menschen rechtzeitig eingreifen.

Mögliche Ursachen für diese Aggressionen

a) Sexuelle Konkurrenz (vor/während der Hitze, bei Scheinträchtigkeit/Scheinmutterschaft)
Sexuell motivierte Aggressionsprobleme zwischen zwei Hündinnen sind seltener als zwischen zwei Rüden. Dies liegt zum einen darin, dass eine Auseinandersetzung zwischen zwei Hündinnen schnell Ernstcharakter erlangt, und die Hündin daher in der Regel eher versucht, diese zu vermeiden. Zum anderen liegt es auch darin begründet, dass die Hündin nicht so wie der Rüde das ganze Jahr über deckbereit ist. Die Zeit der Läufigkeit umfasst normalerweise maximal zwei Zeiträume von ca. drei Wochen im Jahr. In dieser Zeit erfolgt eine Hormonumstellung, die zu einer erhöhten Aggressionsbereitschaft führen kann. Auch zum Ende der Scheinträchtigkeit, etwa 8–9 Wochen nach der Hitze kann es neben körperlichen Symptomen wie Milcheinschuss zu Verhaltensänderungen kommen. Die betroffene Hündin baut dann eine Wurfhöhle, sammelt Spielzeug, das sie als Ersatzwelpen bemuttert und verteidigt. Auch hier kann es daher zu einem gesteigerten aggressiven Verhalten kommen. In einem solchen Fall muss der Mensch zum einen für ausreichend körperliche und geistige Beschäftigung sorgen, der Hündin keine Möglichkeit geben, Ersatzwelpen zu bewachen, indem kein Spielzeug zur freien Verfügung vorhanden ist sowie eventuell mit Hilfe des Tierarztes medikamentös eingreifen. Hat eine Hündin ständig nach ihrer Läufigkeit so starke Probleme mit der Scheinträchtigkeit bzw. Scheinmutterschaft, sollte eine Kastration in Betracht gezogen werden.

Offensive Drohmimik

b) Ranghohe Position innerhalb der Familie – Verteidigung ihrer Bindung an den Partner gegen Konkurrenz.
Die Problematik ähnelt hier der Aggression des Rüden, der andere Rüden nicht an sein Frauchen lässt, jedoch wird dieses Verhalten weniger oft gezeigt, als es beim Rüden der Fall ist. Die Hündin vertreibt bei dieser Problematik andere Hündinnen, die sich ihrem Herrchen nähern, bzw. zeigt aggressives Verhalten, wenn Herrchen andere Hündinnen streicheln möchte. Auch dieses Verhalten kann verstärkt während der Hitze bzw. der Scheinträchtigkeit und Scheinmutterschaft gezeigt werden.

Aggression gegenüber fremden Menschen/Partnern

Im Zusammenleben mit Hunden kann es aus Sicht des Hundes zu einer fehlgeleiteten Partnerwahl kommen. Ein Rüde sieht dann die Halterin als „seine" Hündin an bzw. die Hündin sieht den Halter als „ihren" Rüden an und verteidigt diesen Menschen jeweils gegenüber anderen Menschen. So darf sich der Mann der Familie z. B. nicht neben die Frau auf das Sofa setzen, würde er sie in den Arm nehmen und mit ihr durch den Raum tanzen, hätte dies eine heftige Korrektur durch den Rüden der Familie zur Folge. Oder eine Frau kommt z. B. auf einem Spaziergang dem Mann der Familie zu nah, da sie diesen durch Händeschütteln, In-den-Arm-Nehmen, etc. begrüßt, woraufhin die Hündin der Familie attackierend nach vorne schießt.

Verhalten bei sexuell motivierter Aggression gegenüber Menschen

- Verfolgen / Eingrenzen / Korrigieren des Konkurrenten (Konkurrenz vertreiben)
- Verfolgen / Eingrenzen / Korrigieren des Hundehalters (Zusammengehörigkeit zeigen)
- Splitten der beiden Menschen (Ranghohe Position verdeutlichen)
- extremes Beschnüffeln des Genitalbereiches bei Menschen

Mögliche Auslöser sexuell motivierter Aggression gegenüber Menschen

- Der Halter ist bislang allein-lebend. Es kommt ein neuer Partner hinzu. Dieser darf sich dem Halter nicht nähern.
- Der Hund verteidigt den jeweils gegengeschlechtlichen Partner gegenüber dem eigentlichen Partner des Menschen. Der Mann darf sich z. B. nicht mehr der Frau der Familie nähern und umgekehrt.
- Der Hund verteidigt den jeweils gegengeschlechtlichen Partner gegenüber fremden Menschen.

Die Problematik bei dieser Therapie ähnelt dem Trainingsplan bei aggressivem Verhalten gegenüber gleichgeschlechtlichen Artgenossen aufgrund falscher Partnerbindung an den gegengeschlechtlichen Halter: der Entzug von Privilegien, eine Reduzierung der Aufmerksamkeit sowie eine geistige und körperliche Auslastung. Besonders Wert wird hierbei zudem auf das Zuweisen eines festen, unstrategischen Liegeplatzes gelegt. Der Hund soll erfahren, dass nicht er derjenige ist, der sexuell motivierte Privilegien hat, er soll also dabei sein, wenn die Halter zusammen auf dem Sofa liegen und sich umarmen. Anfangs wird der Hund hierbei ebenfalls mit einer Leine gesichert, da er bei diesem Training keine Aufmerksamkeit durch die Menschen erfahren soll.

Für ein ausgeglichenes Wesen ist auch eine geistige und körperliche Auslastung wichtig.

Training bei sexuell motivierter Aggression

- Entzug von Privilegien: z. B. erhöhter Liegeplatz; freier Zugang zu Ressourcen wie Futter oder Spielzeug
- Konsequentes Verhalten des Menschen im Alltag: Der Mensch entscheidet, wann Kontakt erwünscht ist und wann nicht, er buhlt nicht um die Aufmerksamkeit des Hundes, sondern ignoriert diesen häufig.

Der Golden Retriever geht massiv dazwischen. Er lässt nicht zu, dass sich die beiden Menschen umarmen. Er möchte den Sozialkontakt unterbrechen.

- Geistige und körperliche Auslastung des Hundes
- Übernahme der Verantwortung durch den Menschen: Der Mensch entscheidet selbst, welche fremden Hunde bzw. Menschen er begrüßt. Der Hund ist dabei stets gesichert. Handlungen, die zum Funktionskreis „Sexualität" gehören, wie z. B. das Umarmen des Partners, werden deutlich sichtbar für den Hund durchgeführt, während der Hund auf dem ihm zugewiesenen Platz warten muss.
- Gegebenenfalls eine chemische Kastration des Rüden: In dieser Zeit kann ein Training aufgebaut werden, um ritualisiertes Verhalten zu verändern.
- Gegebenenfalls Kastration des Hundes.

Elterliche Aggression – im Dienst der Erziehung

Diese Form von Aggression hat korrektive erzieherische Funktionen. Bis zu einem gewissen Alter haben die Welpen innerhalb des Rudels eine gewisse Narrenfreiheit, danach müssen auch sie die Regeln befolgen. Erzieherische Maßnahmen durch den Vater erfolgen erst, wenn die Welpen einige Wochen alt sind. Erzieherische Aggression wird aber nicht nur dem eigenen Nachwuchs gegenüber gezeigt, sie kann auch auf fremde Jüngere oder Rangniedrige übertragen werden.

Hündin / Rüde gegenüber eigenen Welpen / Juvenilen

Die elterliche Aggression beginnt mit pflegendem Dominanzverhalten, das anfänglich physiologisch bedingt ist. Die Mutterhündin leckt den Welpen stimulierend über den Bauch, um so die Funktion des Kotens und Urinierens in Gang zu bringen. Bei den älteren Welpen erhält das Auf-den-Rücken-Legen und Stillhalten mit Lecken eine erzieherische Funktion – der ranghöhere Hund nimmt sich das Recht, rangniedrige Tiere zu pflegen, die hierbei stillhalten müssen.

Pflegende Dominanz durch den Menschen

Schon der Züchter sollte bei seinen Welpen ebenfalls pflegende Dominanz ausüben. So lernt der Welpe von Anfang an, dass auch der Mensch dazu berechtigt ist und er sich dieses Verhalten gefallen lassen muss.

Körperkontakt fördert den Bindungsaufbau, ist aber auch ein Akt der pflegenden Dominanz.

Dazu kann der Züchter den Welpen auf den Arm nehmen und festhalten. Er wird erst wieder losgelassen, wenn er ruhig und entspannt auf dem Arm liegt. Kommt der Welpe dann mit 8 Wochen in seine neue Familie, sollte diese das Verhalten der pflegenden Dominanz weiter ausüben. Hierbei lassen sich zudem direkt Handlungen einführen, die der Hund später einmal in Ruhe über sich ergehen lassen muss, wie z. B. das Schneiden der Krallen, das Säubern der Ohren oder aber das Bürsten des Fells. Lernt ein Welpe diese Handlungen von Anfang an kennen, wird er dies später einmal, wenn das Bürsten durch das längere Fell nicht mehr so angenehm ist, ohne aggressive Reaktion über sich ergehen lassen. Auch das Wegbeißen der Welpen von den Zitzen ist als erzieherische Maßnahme zu sehen, die Mutter verteilt bzw. beschränkt den Zugang zu Ressourcen, in diesem Fall der Milch. Erwachsene Hunde benutzen oft auch Gegenstände, die sie umhertragen oder auf denen sie kauen, um Besitz anzuzeigen. Dies stellt zum einen ein Privileg dar, wird aber auch genutzt, um Welpen/Juvenile zu erziehen. Die Mutterhündin beschäftigt sich hier z. B. gezielt mit einem Stöckchen, kaut darauf herum und ignoriert dabei die um sie herumlaufenden Welpen, maßregelt sie aber auch immer wieder einmal, um die Struktur bzw. die Verhältnisse zu festigen.

AUS DER PRAXIS – Bürsten ohne Aggression

Der einjährige Eurasier-Rüde Lennon fletscht die Zähne und knurrt Frauchen an, wenn diese ihn bürsten möchte. Frau Plot hat Lennon vor einem Monat aus dem Tierschutz übernommen. Lennon wurde seit Langem nicht mehr gebürstet, sein Fell ist vollkommen verfilzt. Sobald Frau Plot die Bürste nur in die Hand nimmt, wird er aggressiv.

Trainingsaufbau

Frau Plot trägt die Bürste ab sofort ständig bei sich. Lennon soll lernen, dass dieser Gegenstand alltäglich ist und keine Gefahr von ihm ausgeht. Frau Plot betrachtet die Bürste oft eingehend, wirft sie hoch und spielt damit, lässt Lennon jedoch nicht an die Bürste heran. Im nächsten Schritt darf Lennon die Bürste beschnuppern. Frau Plot legt sie neben sich auf den Boden und füttert Lennon. Die Futterstücke werden immer näher an die Bürste gelegt, bis Lennon auch Futter von der Bürste selbst herunterholt. Nun hält Frau Plot die Bürste in der Hand, aus der anderen Hand bekommt Lennon Futter. Der Rüde akzeptiert inzwischen die Anwesenheit der Bürste ohne ein Zeichen von Aggression. Frau Plot beginnt nun, einmal kurz mit der Bürste über Lennons Rücken zu streichen. Dabei verwendet sie die glatte Seite, damit sie nicht im dichten Fell hängen bleibt, und Lennon durch ein eventuelles Ziepen etwas Negatives mit ihr verbindet. Als nächstes nimmt sie eine ganz weiche Bürste und streicht mit den Borsten über das Fell. Anfangs wird nur ein Strich durchgeführt, bevor Lennon wieder eine Belohnung bekommt, später werden mehrere Striche hintereinander gemacht, bis Frau Plot Lennon am ganzen Körper bürsten kann.

Mina hält still und lässt sich entspannt von Martin Bürsten.

Martin kontrolliert auch die Pfoten …

… und das Gebiss. Diese Pflegemaßnahmen fördern das Vertrauen und sind auch im täglichen Umgang mit dem Hund wichtig.

Umgang mit Ressourcen durch den Menschen

Genauso, wie die Hündin entscheidet, wann ihre Welpen trinken dürfen, indem sie sich ab der dritten Lebenswoche nicht ständig in der Wurfkiste aufhält und die Welpen später sogar von den Zitzen weg beißt, sollte auch der Mensch dem Hund die Ressource Futter zuteilen. Auch Spielzeug sollte zugeteilt werden, vor allem bei Hunden, die es nutzen, um sich zu präsentieren. Ein Hund, der also demonstrativ mit dem Spielzeug im Maul vor seinen Haltern auf- und abläuft, diese animiert, es zu nehmen, es im letzten Moment aber doch wieder selbst schnappt und damit wegläuft, ist nicht etwa verspielt. Er benutzt das Spielzeug, um seinen Status zu demonstrieren. Will man einen Hund motivieren, bei einem Beutespiel mitzumachen, sollte man daher auch die jeweilige Beute nicht zur freien Verfügung des Hundes lassen. So wird z. B. der Ball, mit dem ein Training aufgebaut werden soll, auf einen Schrank gelegt, so dass der Hund ihn sich nicht selbst herunterholen kann. Mehrmals am Tag nimmt nun der Mensch den Ball in die Hand, betrachtet ihn interessiert, wirft ihn hoch und fängt ihn wieder auf. Der Hund wird dabei ignoriert. Erst wenn er starkes Interesse am Gegenstand zeigt, beginnt das eigentliche Training. Jedoch darf der Hund auch weiterhin den Gegenstand nicht zur freien Verfügung haben, denn sonst würde er das Interesse daran schnell wieder verlieren.

1) Nicole wirft ein Dummy in den Baum.

2) Amos lernt am Seil zu ziehen, um an das Dummy zu kommen.

Auch das Einhalten der Individualdistanz wird durch verschiedene Formen der Aggression von den erwachsenen Hunden gegenüber den Welpen eingefordert. Unterschiedliche Korrekturmaßnahmen wie der Schnauzgriff oder der Nackenstoß werden von den Eltern gegenüber den Welpen durchgeführt. Bereits der Welpe lernt von der Mutterhündin, dass es bestimmte Grenzen gibt, die er nicht überschreiten darf. Oftmals provoziert die Hündin sogar eine Situation, damit der Welpe diese Lernerfahrung in einer entspannten Situation kennenlernt. Dazu nimmt sie z. B. ein Objekt wie einen Tannenzapfen, mit dem sie provokant vor den Welpen spielt. Versucht dieser nun an den Tannenzapfen zu gelangen, während er scheinbar unbewacht zwischen ihren Pfoten liegt, geht es sehr schnell: Fixieren, leichtes Knurren, Korrektur. Der Welpe lernt, beim nächsten Mal besser direkt auf das Fixieren, spätes-tens aber auf das Knurren zu reagieren und Ressourcen von anderen zu respektieren. Korrigiert wird dabei entweder mit dem Schnauzgriff oder aber mit dem Nackenstoß. Beim Schnauzgriff greift die Mutterhündin dem Welpen einmal mit der Schnauze fest über den Fang, beim Nackenstoß stupst sie einmal kräftig mit ihrer Schnauze in den Hals-/Nackenbereich des Welpen. Sobald der Welpe beschwichtigendes Verhalten zeigt, lässt die Hündin nach und beendet die Korrektur und das Drohen.

Amos muss ruhig warten, bis Nicole das Training fortsetzt. Sie hat die Beute neben sich abgelegt.

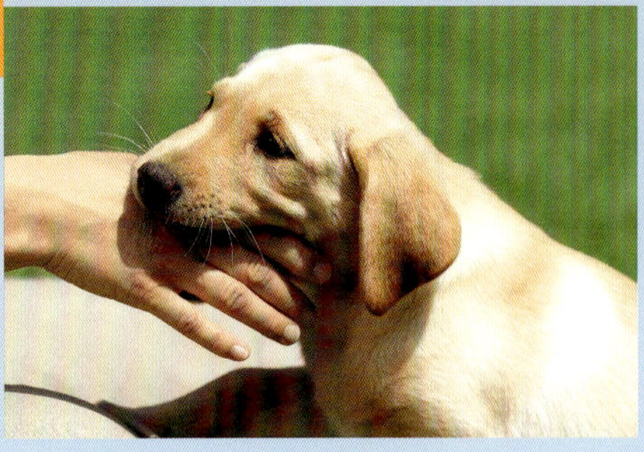

Aufbau Tabu

Wie die Mutterhündin, so kann auch der Mensch ein Tabu beim Hund aufbauen. Im Idealfall erfolgt dies bereits kurz nachdem der Welpe vom Züchter beim neuen Halter eingezogen ist. So lernt dieser sofort die Regeln, die eingehalten werden müssen. Auch für das Erlernen der Beißhemmung ist ein Tabu wichtig.

Um ein Tabu aufzubauen, nimmt der Mensch eine vom Hund begehrte Leckerei wie z. B. ein Brötchen in die Hand. Er beschäftigt sich damit, lockt den Welpen aber nicht zu sich. Bekommt der Welpe nun mit, dass der Mensch etwas Spannendes in der Hand hat, wird er versuchen, daran zu knabbern oder es sich zu nehmen. Nun geht es ganz schnell: Der Mensch fixiert den Welpen, spricht ein Korrekturwort und korrigiert ihn durch einen Schnauzgriff oder einen Nackenstoß.

Bei der Durchführung der Korrektur muss diese beim ersten Mal sehr leicht durchgeführt werden. Dies dient dazu, den Welpen einschätzen zu können. Schließlich soll er nicht durch eine übermäßig stark ausgeführte Korrektur traumatisiert werden und das Vertrauen in den Menschen verlieren. Es soll nun aber auch keine langsame Steigerung stattfinden, da sich der Welpe so zum einen an die Korrektur gewöhnen würde und zum anderen lernen würde, ihr auszuweichen. Daher erfolgt direkt im Anschluss danach, falls der Welpe also wieder versucht an das Brötchen zu gelangen, eine zweite Korrektur. Diese muss so stark durchgeführt werden, dass der Hund danach nicht noch einmal an das Brötchen geht, sondern respektvoll Abstand hält. Der Mensch kann nun auch das Brötchen zwischen seine Füße legen, ohne dass der Welpe näher kommt. Er darf nach der Korrektur aber nicht nachtragend sein. Nimmt der Welpe Kontakt auf, vor allem, wenn dieser beschwichtigend ausfällt, kann der Mensch ruhig darauf eingehen.

Bei erwachsenen Hunden ist der Aufbau eines Tabus genauso möglich wie bei Welpen, jedoch muss hier zum einen gegebenenfalls mehr Kraft für die Korrektur aufgewendet werden. Zum anderen muss der Mensch dabei sehr genau und schnell sein, da der Hund sonst ausweicht und ein Spiel daraus macht. Erwachsene Hunde, die bereits gehemmt beschädigen, dürfen nur nach Absprache mit einem professionellen Trainer korrigiert werden, da die Gefahr einer Gegenaggression ansonsten zu groß ist.

Hündin gegenüber fremden Welpen/Juvenilen

Es ist nicht selbstverständlich, dass Hündinnen per se fremde Welpen akzeptieren. Es gilt keinesfalls als gestört, wenn ein fremder Welpe von einer Hündin getötet wird, da diese die Ressourcen für ihren eigenen Nachwuchs sichern muss und der fremde Welpe ein potenzieller Konkurrent werden kann. Rangniedrige Hündinnen übernehmen jedoch häufig innerhalb des Rudels teilweise die Versorgung und Pflege der Welpen, sie übernehmen sozusagen die Funktion als „Kindergärtnerin". Daher ist es gerade bei unseren sozialisierten Haushunden in der Regel möglich, einen fremden Welpen zu einer bereits erwachsenen Hündin in die Familie aufzunehmen.

Welpenschutz

Den oft zitierten Welpenschutz gibt es allgemein bei fremden Welpen so nicht. Welpenschutz existiert nur im eigenen Rudel, und auch hier werden die Welpen korrigiert, müssen sich also an die Spielregeln im Rudel halten. Ist man mit seinem neun Wochen alten Welpen unterwegs und lässt diesen einfach auf andere Hunde zulaufen, birgt dieses Verhalten durchaus Gefahren für den Welpen. Springt der Welpe den erwachsenen Hund an, kann er durchaus heftig korrigiert werden, dabei können auch kleine Bisswunden entstehen. Trifft der Welpe auf eine erwachsene Hündin, kann es durchaus passieren, dass sie ihn attackiert und dabei tödlich verletzt. Daher sollte man erst einmal Kontakt mit dem Menschen aufnehmen, wenn man seinen Welpen mit einem erwachsenen Hund spielen lassen will. Da der Welpe bisher nur auf wenige Erfahrungen zurückgreifen kann, könnte ein solches negatives Erlebnis sein zukünftiges Verhalten gegenüber Artgenossen negativ beeinflussen.

Info

Fremde Hunde

Das Ziel bei der Zucht und der Erziehung von Haushunden sollte sein, dass sie mit anderen Hunden gut auskommen, da sie sonst auf Grund der Lebensumstände, sprich stets auf fremde Hunde zu treffen, permanentem Dauerstress ausgesetzt wären.

Ein Welpe sollte die unterschiedlichsten Hundetypen kennenlernen, der Mensch an seiner Seite ist für eine positive Begegnung verantwortlich.

Einführung eines fremden Welpen als Zweithund zu einer Hündin

Soll ein Welpe zu einer bereits erwachsenen Hündin in die Familie aufgenommen werden, kann es zu Problemen kommen. Die Hündin kann den Welpen massiv verletzten. Daher sollten Hündin und Welpe in den ersten Tagen nicht unbeaufsichtigt alleine gelassen werden. Dies gilt vor allem dann, wenn die Hündin den Welpen ständig zu heftig und grob maßregelt und begrenzt. Es ist wichtig, der Hündin zu zeigen, dass der Mensch für die Erziehung des Welpen zuständig ist. Daher muss dieser eingreifen, wenn er merkt, dass die Hündin sich durch den Welpen gestört fühlt. Er muss den Welpen wegnehmen und gegebenenfalls selbst für ein Fehlverhalten korrigieren.
Hat die Hündin den Welpen akzeptiert, gibt es in der Regel auch später keine Probleme mehr. Ist der neue Hund ein Rüde, wird sich ein partnerschaftliches Verhältnis zwischen den beiden Hunden entwickeln. Dies kann allerdings dazu führen, dass externe Probleme entstehen, wenn der Rüde seine Hündin gegenüber anderen Rüden verteidigen will. Ist der neue Hund eine Hündin, entwickelt sich häufig ein Mutter-Tochter-Verhältnis. Dieses hält in der Regel ein Leben lang.

Rüde gegenüber fremden Welpen/Juvenilen

Bei Rüden hingegen ist die spontane Tötung eines Welpen nicht als „normales" Verhalten zu betrachten, da auch ein dem Rüden nicht bekannter Welpe dessen Gene besitzen könnte. Andere Gründe für eine massive Attacke wie z. B. eine ressourcenmotivierte Aggression sind hiervon natürlich ausgenommen!

Einführung eines fremden Welpen als Zweithund zu einem Rüden

Soll ein Welpe zu einem bereits erwachsenen Rüden in die Familie aufgenommen werden, ist dies in der Regel eher unproblematisch. Der Rüde wird den Welpen anfangs ignorieren und sich oft erst etwa ab der 13. Lebenswoche erzieherisch betätigen.

Die zwölf Wochen alte Ginala nähert sich vorsichtig Mona an, die sich entspannt beschnüffeln lässt.

Mona möchte nun ihrerseits wissen, wer der kleine Kerl ist und beschnüffelt Ginala freundlich.

Ist der Welpe eine Hündin, wird es auch später, wenn diese erwachsen ist, kaum Probleme geben. Die beiden Hunde werden ein partnerschaftliches Verhältnis entwickeln, extern gibt es dann eventuell Probleme mit anderen Rüden, wenn der Rüde seine Hündin verteidigen will. Ist der Welpe ein Rüde, kann es immer wieder einmal kleinere „Scharmützel" geben. Der junge Rüde wird irgendwann versuchen, die ranghohe Position des älteren Rüden anzuzweifeln. Hier sind die Halter gefragt, sie müssen die beiden Hunde gut beobachten, denn gerade wenn der ranghohe Rüde schon so alt ist, dass er körperlich und geistig nicht mehr mithalten kann, wird der jüngere Rüde spätestens, wenn er erwachsen ist, also mit 2 bis 3 Jahren, die ranghöhere Position einnehmen. Dies muss von den Menschen akzeptiert werden, der junge Rüde muss also in seiner Position bestätigt werden, indem er in Dingen, die ihm wichtig sind, bevorzugt wird.

Infantizid

Das Töten der eigenen Welpen ist als Sonderform dem Thema Aggression zuzuordnen. Wenn eine Hündin ihre Welpen tötet, muss das kein abnormales Verhalten sein, sondern kann für diese Hündin biologisch nötig sein. Ursachen können sein:

> Zwangsdeckung: Wird eine Hündin beim Deckvorgang festgehalten, obwohl sie sich eigentlich nicht vom Rüden decken lassen will, kann dies später zu einer Tötung der Welpen führen. Daher sollte ein Deckvorgang immer so natürlich wie möglich ablaufen, auch unter Hunden bestehen Sympathien und Antipathien, die man respektieren sollte.

Steht ein Hund ständig unter Stress, wird sich dieser auf sein Verhalten negativ auswirken.

- Stress während der Trächtigkeit, vor und bei der Geburt: Besonders während der Geburt, aber auch in den ersten Wochen nach der Geburt kann eine Hündin empfindlich auf Störungen im Alltag reagieren. Daher sollten bei der Geburt nur der Hündin vertraute Personen anwesend sein. Besuche von zukünftigen Welpenkäufern sollten in den ersten Wochen immer nur angepasst an den Stresszustand der Hündin stattfinden.
- Behinderung der Welpen: Manche Hündin erkennt instinktiv, ob ein Welpe an einer angeborenen Krankheit leidet, und sein Überleben daher in der Natur nicht möglich wäre. Oft sind dies Krankheiten, die für den Menschen zunächst nicht offensichtlich sind. Wird ein solcher Welpe gerettet, nimmt er häufig trotz guter Versorgung nicht zu und stirbt dann doch nach einigen Tagen. Untersuchungen ergeben dann z. B. Krankheiten wie einen angeborenen Herzfehler.
- Mangelhafte Erfahrung (Erdrücken): Eine Hündin, die das erste Mal Welpen bekommen hat, kann aus Unerfahrenheit einen oder mehrere Welpen erdrücken. Dies hat zum einen damit zu tun, dass eine Wurfkiste selten einer natürlichen Wurfhöhle ähnelt. Daher sollte eine Wurfbox immer mit einem Abstandhalter versehen sein. Passiert es dennoch, dass eine Hündin einen Welpen tödlich verletzt, sollte mit ihr nicht weiter gezüchtet werden, da sie keinen natürlichen Aufzuchtinstinkt mehr besitzt.
- Genetischer Defekt: Ein solcher Defekt kann nur durch eine Untersuchung beim Tierarzt festgestellt werden. Gibt es daher Zweifel über den Grund einer Tötung, da z. B. bei der Obduktion des Welpen keine Krankheit festgestellt werden konnte, sollte die Hündin einem Tierarzt vorgestellt werden. Eine solche Hündin ist natürlich aus der Zucht auszuschließen.

Aggression gegenüber fremden Artgenossen/Menschen aufgrund von Welpen

Jede Hündin sowie jeder Rüde kann gegenüber fremden Artgenossen oder Menschen aggressives Verhalten entwickeln, wenn sie bzw. er mit einem Welpen zusammenlebt. Hierbei werden nur die elterlichen Pflichten erfüllt, den Nachwuchs vor Gefahren zu schützen.
Eine Hündin, die in den ersten Wochen nach der Geburt keinen Besuch durch fremde Menschen zulässt, ist daher nicht etwa gestört bzw. von der Zucht auszuschließen. Vielmehr muss auf das Verhalten der Hündin Rücksicht genommen werden, indem Besuche eingeschränkt werden, bzw. die Hündin in dieser Zeit z. B. spazieren geführt wird. Je älter die Welpen werden, desto entspannter sollte die Hündin jedoch auch bei Besuchern reagieren. Ab der vierten Woche verlässt die Mutterhündin in der Regel bereits häufig die Wurfkiste, ab diesem Zeitpunkt sollten Besuche kein Problem mehr sein. Dies gilt übrigens nicht für den Besuch von fremden Artgenossen. Rassen mit einem großen sozialen Instinkt lassen dies zwar häufig zu, eher selbstständige oder aber territoriale Rassen jedoch oft nicht.

Aggression gegenüber Kindern

Hat ein Hund das Gefühl, dass er für die Erziehung der Kinder der Familie zuständig ist, kann dies zu aggressivem Verhalten den Kindern gegenüber führen. Diese werden dann z. B. korrigiert, wenn sie sich aus Sicht des Hundes frech verhalten. Dynamische Bewegungen wie das Rennen im Garten werden unterbrochen, die Kinder werden umkreist, angesprungen oder gezwickt. Es kann ebenfalls zu erzieherischen Korrekturen kommen, wenn ein Kind versucht, dem Hund eine Ressource wie z. B. einen Knochen, Futter oder aber ein Spielzeug wegzunehmen oder aber wenn er sich vom Kind gestört fühlt, wenn dieses den Individualabstand des Hundes nicht respektiert und ihn z. B. auf dem Liegeplatz stört.

Dieser Briard hat gelernt, in solch einer einengenden Situation ruhig zu bleiben. Doch nicht jeder Hund reagiert auf eine Umarmung so gelassen.

Aggression Kind – Hund

Gemeinsam mit einem Hund aufzuwachsen bedeutet für viele Kinder etwas sehr Schönes. Der Hund ist oft nicht nur Spielkamerad, sondern auch verständnisvoller Zuhörer. Er lacht nicht über Missgeschicke, er kritisiert nicht oder stellt Fragen. Er ist einfach da und das Kind kann ihm sorglos alles erzählen, denn die ihm anvertrauten Geheimnisse sind dort sicher! Zudem fördert ein Hund das Miteinander mit anderen Kindern und lässt das Kind Verantwortung erlernen. Leider entstehen aber auch oft große Probleme zwischen Kindern und Hunden, die dann zum Teil sogar sehr gefährlich für das Kind werden können.

Die Sache mit dem Rang

Hunde müssen im Umgang mit Kindern lernen, diese zu akzeptieren. Denn Hunde werden kleinere Kinder nie als ranghöher ansehen, sie erkennen ihn ihnen das „nicht-erwachsene Lebewesen". Und warum sollte sich ein erwachsener Hund von einem nicht-erwachsenen Menschen etwas sagen lassen? Daher ist es zum entspannten Zusammenleben notwendig, dem Hund beizubringen, dass Kinder eine Sonderrolle außerhalb der Rudelrangordnung einnehmen. Der Hund muss erfahren, dass nicht er für die Erziehung dieses jungen Menschen verantwortlich ist, sondern der erwachsene Mensch. Für ihn sollten Kinder einfach von geringer Bedeutung sein, denn dann gibt es für ihn keinen Grund, in Konkurrenz zu den Kindern zu treten!

Regeln im Umgang mit dem Hund

Um ein entspanntes Zusammenleben zwischen Kind und Hund zu erreichen, müssen einige Regeln beachtet werden:

Kinder dürfen Hunde nicht korrigieren

Würde ein Kind einen Hund korrigieren, benimmt es sich aus Sicht des Hundes frech, was wiederum zu einer erzieherischen Korrektur des Kindes durch den Hund führen kann. Das Kind, welches z. B. den Hund zur Seite schubst, weil dieser im Weg steht, kann hierauf durch einen Schnauzgriff, also ein Schnappen in Richtung des Kindergesichtes, vom Hund korrigiert werden. Hier ist dann in der Regel keine Verletzungsabsicht des Hundes vorhanden, jedoch ist die Haut des Kindes nicht so widerstandsfähig wie z. B. die Haut eines Welpen, so dass schnell schlimme Verletzungen entstehen können. Fühlt ein Kind sich von einem Hund bedrängt, möchte es seine Anwesenheit nicht oder will es einen Gegenstand haben, den der Hund gerade hat, darf es niemals selbst handeln. Es muss lernen, in einer solchen Situation einen Erwachsenen zu rufen, der die Situation klärt.

Vorsicht bei einer Korrektur des Hundes in Anwesenheit des Kindes

Kinder lernen durch Beobachtung und Nachahmen. Wenn sie daher erleben, wie ein Hund für ein „Vergehen" z. B. durch Wegstoßen korrigiert wird oder aber z. B. für das Nichtausführen eines Signals wie „Sitz" einen Klaps auf den Hintern bekommt, ist die Versuchung groß, dies selbst einmal auszuprobieren. Lässt sich ein Hund ein solches Verhalten von einem erwachsenen Menschen vielleicht noch gefallen, kann dies beim Kind eine Gegenaggression hervorrufen. Eltern müssen daher ihrer Vorbildfunktion gerecht werden. Korrekturmaßnahmen sollten daher bei kleinen Kindern niemals in deren Anwesenheit durchgeführt werden. Zudem sollte eine verständnisvolle und artgerechte Erziehung den Umgang des Kindes mit dem Hund prägen. Ein Lernen über positive Verstärkung wie z. B. die Gabe einer Belohnung nach einem erfolgreich ausgeführten „Sitz", führt nicht nur beim Hund zum sicheren und entspannten Lernen, sondern kann auch vom Kind durchgeführt werden.

Kind und Hund sollte man nie alleine spazieren gehen lassen. Schon Erwachsene haben alle Hände voll zu tun.

Kind und Hund dürfen nicht alleine gelassen werden

Da Kinder nicht immer verantwortungsbewusst handeln, ist es unerlässlich, Kind und Hund ständig zu beobachten! Gerade kleine Kinder und Hunde dürfen niemals alleine gelassen werden. Denn wenn es doch einmal zu einer brenzligen Situation kommt, muss der Erwachsene da sein, um eingreifen zu können. Er muss den Hund in die Schranken weisen und ihm klar machen, dass er das Kind nicht erziehen darf. Auch wenn das Kind sich aus Sicht des Hundes frech verhalten hat, indem es ihm z. B. ein Spielzeug abnehmen wollte! In einem nächsten Schritt muss der Mensch nun aber auch das Verhalten des Kindes unterbinden. Würde ein Mensch den Hund nämlich nur korrigieren, weil er ein Kind z. B. angeknurrt oder angesprungen hat, das Kind aber weiterhin in dieser Situation belassen, hat er aus Sicht des Hundes versagt. Er ist nicht in der Lage, das Kind entsprechend zu erziehen und sieht somit für sich selbst Handlungsbedarf. Die Chance, dass der Hund langfristig frustrationsbedingt aggressiv reagiert, ist somit dann sehr hoch.

Getrennte Bereiche für beide Parteien

Das Kinderzimmer oder aber der Spielteppich des Kindes muss für den Hund von Anfang an tabu sein, Hund und Kind haben jeweils eigene Bereiche, die gegenseitig respektiert werden müssen. Gerade wenn Familienzuwachs geplant ist, sollte man sich bereits zu Beginn der Schwangerschaft überlegen, welche Veränderungen vorgenommen werden müssen. Ist das zukünftige Kinderzimmer z. B. zur Zeit noch Arbeitszimmer, in dem sich der Hund einen Großteil des Tages aufhält, sollte dies nicht erst kurz vor Ankunft des Kindes verändert werden. Der Hund soll zum einen Zeit haben, sich an veränderte Gegebenheiten zu gewöhnen und zudem die Veränderungen nicht als Nachteil für sich durch die Ankunft des Babys auslegen.

Das Mädchen motiviert den Golden zum Apportierspiel.

Im Umkehrschluss ist aber auch der Liegeplatz des Hundes für das Kind tabu. Zieht sich der Hund auf seinen Platz zurück, dürfen die Kinder ihn dort nicht stören, um ihn z. B. zu streicheln. Der Hund muss erfahren, dass seine Individualdistanz respektiert wird.

Frühzeitig Anzeichen erkennen

Die Eltern müssen den Umgang von Kind und Hund ständig beobachten. Denn nur so können frühzeitige Anzeichen eines drohenden Konfliktes erkannt und schlimmere Auseinandersetzungen mit Verletzungen des Kindes verhindert werden. Auch und gerade gegenüber Kindern beißen Hunde nicht unvermittelt zu. Vielmehr gibt es viele kleine Vorwarnungen, mit denen der Hund vermittelt, dass er sich unwohl fühlt oder aber das Kind als respektlos empfindet. Gerade beim Streicheln besteht eine große Gefahr. Das Kind möchte das warme und weiche Fell des Hundes berühren, ihm etwas Gutes tun. Dabei geht es aufgrund der noch nicht vollständig entwickelten Motorik oft grob und ungeschickt vor. Beobachten Sie den Hund genau, bei folgenden Anzeichen in einer solchen Situation sollten Sie handeln, indem Sie das Kind vom Hund wegnehmen:

- Der Hund gähnt (hier ist natürlich nicht Müdigkeit gemeint, sondern eine Übersprungshandlung, die nach einer Handlung eines Kindes, oder durch dessen bloße Nähe auftritt).
- Der Hund wendet mehrmals den Blick vom Kind ab.
- Der Hund wird steif.
- Der Hund fixiert das Kind.
- Der Hund knurrt und zieht die Lefzen hoch.
- Der Hund zeigt ein Abwehrschnappen.

Das Kind kann durch ein Signalwort wie z. B. das Wort „Nein", korrigiert werden. Auch der Hund sollte für ein Maßregeln des Kindes korrigiert werden, jedoch sollte dies nicht in Anwesenheit des Kindes erfolgen.

Beide haben sichtlich Spaß an der Beschäftigung.

Training bei erzieherisch motivierter Aggression gegenüber Kindern

- Entzug von Privilegien: z. B. erhöhter Liegeplatz; freier Zugang zu Ressourcen wie Futter oder Spielzeug.
- Der Hund läuft nicht frei, wenn die Kinder spielen. Aufbau eines festen Liegeplatzes, an dem er angeleint wird, bzw. Aufbau Box.
- Konsequentes und souveränes Verhalten des Menschen im Alltag: Der Mensch entscheidet, wann Kontakt erwünscht ist und wann nicht, er buhlt nicht um die Aufmerksamkeit des Hundes, sondern ignoriert diesen häufig.
- Geistige und körperliche Auslastung des Hundes
- Übernahme der erzieherischen Verantwortung durch den Menschen: Die Eltern entfernen das Kind, wenn der Hund sich durch dieses gestört fühlt. (Kleinere Kinder werden weggenommen, größere Kinder werden weggeschickt.) Das Kind kann auch durch ein Signal, welches der Hund kennt, wie z. B. „Nein", für den Hund sichtbar korrigiert werden.
  Signalspiel: Bei diesem Spiel geben die Eltern den Kindern Signale, die der Hund ebenfalls kennt, wie z. B. „Hier", „Stopp". Der Hund ist dabei angebunden und schaut zu. Er lernt dadurch, dass die Eltern ihre Kinder im Griff haben, da diese die Signale brav befolgen.
- Gegebenenfalls Korrektur des Hundes z. B. durch einen Nackenstoß, wenn der Hund das Kind maßregelt.

Aggression gegenüber fremden Artgenossen/Menschen aufgrund von Kindern

Hat ein Hund das Gefühl, dass er für die Erziehung der Kinder der Familie zuständig ist, kann daraus ein Verteidigungsverhalten entstehen. Der Hund fühlt sich für die Sicherheit des Nachwuchses zuständig. Nähert sich z. B. auf dem Spaziergang ein fremder Mensch dem Kind, kann der Hund diesen attackieren. Dieses Verhalten kann sich bereits dann entwickeln, wenn das Kind noch im Kinderwagen liegt. Der Hund verteidigt dann bereits den Kinderwagen gegenüber fremden Menschen wie auch gegenüber fremden Artgenossen.

Wenn ein Hund den Kinderwagen verteidigt, sollte der Trainingsbeginn nicht der Kinderwagen sein, sondern die Veränderung der Beziehungsstruktur zwischen Mensch und Hund. Wichtig ist, dass man immer an der Ursache und nicht an den Symptomen arbeitet. Ziel soll sein, dem Hund verständlich zu machen, dass es sich nicht um seinen Nachwuchs handelt. Dies bedeutet, dass man den Hund von seiner ranghohen Position langsam herunterholt und die Rangordnung innerhalb der Familie so verändert, dass die Menschen über ihrem Hund stehen.

Training bei erzieherisch motivierter Aggression aufgrund von Kindern gegenüber fremden Menschen/Artgenossen

- Siehe oben Punkt 1 bis 4.
- Übernahme der territorialen Verantwortung durch den Menschen: Begrüßen von Besuch, Stoppen von fremden Menschen, die sich dem Kind nähern wollen durch dem Hund bekannte Signale.

Entspannter Spaziergang mit Kind und Hund. Der Hund geht schön mit durchhängender Leine am Kinderwagen.

Ressourcenmotivierte Aggression – Jagd auf Beute und Futterverteidigung

Ressourcen- bzw. futtermotivierte Aggression unterteilt sich in zwei Bereiche. Zum einen geht es um den Bereich der Nahrungsbeschaffung. Diese Form der Aggression wird häufig als Beuteaggression bezeichnet, verständlicher ist hier jedoch die Bezeichnung „jagdlich motivierte Aggression". Zum anderen geht es darum, vorhandene Ressourcen wie z. B. Futter erfolgreich gegenüber Rudelmitgliedern oder Rudelfremden zu verteidigen. Dies kann zum einen einfach der eigenen Ernährung dienen als auch zur Erhöhung bzw. Verdeutlichung oder Festigung des sozialen Status.

Berner Sennenhund Eddy verfolgt Jeanette und versucht, sie durch Beißen in die Beine zu stoppen.

1) Arjuna nimmt Anlauf und ...

2) ... hetzt hinter der Beute (hier ein Futterbeutel) her.

Jagdlich motivierte Aggression

Jagdlich motivierte Aggression wird oft als „Beuteaggression" bezeichnet. Dies ist etwas irreführend, denn das Erjagen von Nahrung ist bei einem Beutegreifer keine Auseinandersetzung um Ressourcen, die Beute ist vielmehr die Ressource selbst. Jagdlich motivierte Aggression ist angeborenes, reflektives Verhalten, ausgelöst durch wahrgenommene bzw. sich bewegende Beute. Sie ist gekennzeichnet durch eine geringfügige Stimmungsänderung und erscheint automatisch und vorprogrammiert. Daher ist der Begriff „Aggression" hier auch eher irreführend. Zwar ist das Endergebnis – die Tötung des Opfers – das Gleiche wie bei einem aggressiven Angriff, jedoch unterscheiden sich die physiologischen Vorgänge wie z. B. die Gehirnströme, hierbei enorm. Bei Forschungen wurde festgestellt, dass im Gehirn nicht dieselben neuralen Verbindungen aktiviert werden, je nachdem, ob gejagt wird oder ob es sich um affektive Aggression handelt, also z. B. um Ressourcen gekämpft wird.

Jagdlich motivierter Angriff auf den Menschen

Jagdlich motivierte Angriffe finden nicht auf Sozialpartner statt. Daher muss oberstes Ziel bei der Aufzucht von Welpen die Sozialisierung auf den Menschen sein. Zum Glück findet man heute selten noch Hunde, die gar nicht auf den Menschen sozialisiert sind, so dass jagdlich motivierte Angriffe auf Menschen kaum vorkommen.
Es kommt aber immer wieder vor, dass Menschen, die sich schnell bewegen, von Hunden gejagt und ernsthaft attackiert werden. Hierbei handelt es sich um ein fehlgeleitetes Beuteschema, das z. B. dann auftritt, wenn der Hund keine Möglichkeit hat, seine jagdlichen Bedürfnisse auszuleben. Ein solcher Angriff endet jedoch in der Regel, sobald „die Beute" nicht mehr flieht.

Unerwünschtes Jagdverhalten

Das Jagen von Wild wie z. B. Kaninchen oder Rehen ist somit ein zum normalen Verhaltensrepertoire gehörendes Verhalten bei Hunden. Dennoch ist es in der heutigen Zeit im Zusammenleben mit dem Menschen, mit Ausnahme des jagdlich geführten Hundes, als unerwünschtes Verhalten anzusehen. Dieses kann über einen sehr guten Grundgehorsam und eine individuell auf den Hund zugeschnittene jagdlich orientierte Beschäftigung oft kanalisiert werden.

Info

Verhaltenskette Jagd

Orten > Fixieren > Anschleichen > Hetzen / Jagen > Erfassen > Töten > Zerreißen > Fressen

oder

Orten > Fixieren > Anschleichen > Mäuselsprung > Erfassen (grab-bite) > Töten / Abschlucken

1

2

Schleppleinentraining

Ein Hund mit unerwünschtem Jagdverhalten muss zunächst einmal an der Ausübung des Verhaltens gehindert werden. Jeder weitere Jagdausflug steigert die Lust, denn alleine das Hetzen hinter der begehrten Jagdbeute oder das Aufnehmen und Verfolgen der verführerischen Spur ist für den Hund selbstbelohnend! Daher darf ein solcher Hund nicht mehr frei laufen, er wird an der Schleppleine geführt. Damit er sich bei einem plötzlichen Sprint nicht im Hals-/Nackenbereich verletzt, sollte der Hund ein Geschirr tragen.

Handhabung der Schleppleine

Der Hund wird zunächst an die Schleppleine gewöhnt, denn manche Hunde erschrecken sich vor dem Geräusch der über den Boden schleifenden Leine. Dazu wird mit ihm eine Beschäftigung durchgeführt, die ihm Spaß macht.
Die Leine wird im ersten Schritt des Trainings immer am Ende festgehalten. Die Handhabung der Schleppleine sollte aktiv erfolgen. Der Mensch muss daher ständig seinen Hund beobachten. Geht er nach vorne, wird die in einer Hand in Schlaufen gehaltene Schleppleine abgewickelt. Bleibt der Hund stehen oder kommt auf den Halter zu, wird die Leine wieder aufgewickelt. Der Vorteil dieser Handhabung ist, dass die Leine sich nicht im Gebüsch verwickeln kann. Zudem wird der Hund nie mit viel Schwung in die Leine rennen können. Denn dies kann nicht nur den Hund verletzten, es ist auch für den Menschen nicht angenehm. Kurz bevor der Hund das Ende der Leine erreicht, wird ein neues Signal eingeführt, z. B. „Halt" oder „Ende". Der Hund soll lernen, dass er maximal die vorgegebene Leinenlänge zur Verfügung hat. Die Länge kann dabei individuell variieren, je nach Mensch-Hund-Team sind 10, 15, 20 oder sogar 25 m möglich. Diesen Radius soll der Hund aber nicht überschreiten, im Idealfall nimmt er an der Grenze von alleine Kontakt zum Menschen auf. Später einmal, wenn der Hund wieder frei laufen darf, ist das Signal die Erinnerung für den Hund, dass hier sein Radius endet.

Rückruf

Im nächsten Schritt wird der Rückruf des Hundes trainiert, es empfiehlt sich in der Regel der Aufbau eines neuen Signals. Parallel dazu wird ein Alternativverhalten aufgebaut. Je nachdem, welches Interesse der Hund

3

4

5

1) Die Schleppleine schleift locker am Boden mit …

2) … Sunny folgt aufmerksam seiner Halterin.

3) Auch Apportierspiele können an der Schleppleine trainiert werden.

4) Die Leine ist in Schlaufen aufgewickelt, um dem Hund schnell Freiraum zu geben.

5) Beim Zurückkommen wird sie erneut aufgewickelt.

hat, also ob ihn eher das Hetzen oder das Spurenerschnüffeln interessiert, bietet sich ein Apportiertraining bzw. ein Hetzspiel oder Suchspiele bzw. Fährtentraining an. Durch diese Beschäftigung wird der Hund geistig ausgelastet und kann sein Bedürfnis auf die Jagd zu gehen ausleben. Wichtig dabei ist, dass die Beschäftigungsform dem Hund wirklich Spaß macht, denn der Haushund jagt in der Regel nicht, um sich zu ernähren, sondern weil es ihm Spaß macht.

Ablenkungen

Das Training wird nun immer mehr in einen Bereich mit ablenkenden Reizen durch die bevorzugte Wildart des Hundes verlegt. Macht der Hund auch hier gut mit, ist es Zeit, die Schleppleine abzubauen. Zunächst einmal wird sie dazu nicht mehr am Ende festgehalten, sie schleift einfach hinterher. Man sollte 5 Meter vor dem Ende der Leine eine Markierung befestigen, denn reagiert der Hund jetzt nicht auf ein Signal, bleibt noch Zeit, den Hund zu stoppen, indem man auf die Leine tritt. Erst wenn das Training ohne Probleme funktioniert, wird die Schleppleine Meter für Meter gekürzt. Dies ist wichtig, denn würde die Schleppleine nun mit einmal entfernt, würde der Hund den Unterschied sofort bemerken und es könnte zu einer erneuten unerwünschten Jagd kommen.

Debby droht offensiv und selbstbewusst.

Vermischung von Jagd und Aggression

Manchmal tritt eine Vermischung beider Motivationen auf. Dies gilt vor allem für die Jagd auf Nahrungskonkurrenten, bei der sich jagdliche Motivation und auf Sozialpartner gerichtete Aggression vermischen. Für einen Hund ist z. B. eine Katze durch ihr Fluchtverhalten eine Beute, gleichzeitig aber auch ein Sozialpartner, wenn sie mit ihm in einem Haushalt lebt. Auch innerhalb von Spielsequenzen unter Hunden kann es aus einem Jagdspiel heraus zu aggressiven Auseinandersetzungen kommen. Ebenso kann aber ein Jagdspiel genutzt werden, um eine drohende aggressive Auseinandersetzung umzulenken. Der Hund, der sich von einem anderen bedroht fühlt, fordert diesen häufig zu einem Spiel auf. Dazu nutzt er die Vorderkörpertiefstellung, senkt also den Oberkörper ab. Diese Position zeigt seine Unsicherheit, er weiß noch nicht, ob seine Aufforderung angenommen wird, oder ob nicht doch eine Attacke erfolgt. Aus dieser Position kann er im Notfall auch schnell wieder fliehen. Geht der drohende Hund auf die Spielaufforderung ein, beginnt oft ein wildes Jagdspiel.

Futterrangordnung

Hundewelpen entwickeln eher eine feste Futterrangordnung als Wolfswelpen. Auch bei weiteren Vergleichen zwischen Pudeln und Wölfen sowie zwischen Schäferhunden und Wölfen bleibt laut Zimen die Futterrangordnung im Gegensatz zu Wölfen bei Hunden bestehen. Laut Zimen profitieren Wölfe viel stärker von der Unversehrtheit der Gruppe, wodurch sich eine Futterrangordnung nur in extremen Notsituationen entwickelt. Durch die Domestikation des Hundes konnte sich ein Egoismus entwickeln. Ranghohe Hunde entscheiden daher, wann sie fressen: Sie beanspruchen entweder die Beute als erste, können sich aber auch den Luxus erlauben, ganz langsam bzw. als Letzte zu fressen.

Umgang mit Futter im Zusammenleben mit dem Menschen

Hat ein Hund ständig Futter zur freien Verfügung, lernt er, dass er es sich leisten kann, dieses stehen zu lassen, ohne dass es ihm jemand wegnimmt. Denn ein solches Verhalten kann er sich in der Regel nicht leisten, sobald ein zweiter Hund in der Familie lebt. Ressourcen, auf die niemand einen Anspruch erhebt, gehören der Allgemeinheit. Da ein Mensch verständlicherweise aber kein großes Interesse an Hundefutter hat, und dieses kaum aufessen wird, sollte das Futter nach einem kurzen Zeitraum von etwa max. 10 Minuten weggestellt werden. Der Hund bekommt dann erst zur nächsten Fütterungszeit wieder etwas angeboten. Für viele Hunde ist die Tatsache, dass Futter stets frei verfügbar ist, eine weitere Bestätigung ihrer ranghohen Position.

Futtermotivierte Aggression gegenüber Artgenossen

Eine futtermotivierte Aggression kann durch Nahrungsmangel entstehen, der beim erwachsenen, gesunden Hund erst nach ca. 10–14 Tagen ohne Futter auftritt. Hunde, die über einen längeren Zeitraum Hunger gelitten haben, können eine solche Futteraggression auch beibehalten, wenn diese längst nicht mehr notwendig ist.
So zeigen Straßenhunde, die tagtäglich Futter selbst beschaffen mussten und um ihr Überleben gekämpft haben, sehr häufig diese Form der Aggression. Auch wenn sie später in eine Familie vermittelt werden, und dort täglich reichlich mit Nahrung versorgt werden, wird diese Form der Aggression besonders Artgenossen gegenüber oft beibehalten.

Sunny bekommt sein Futter aus der Hand.

AUS DER PRAXIS – Futteraggression

Die aus Spanien stammende Mischlingshündin Gina hat zwei Jahre lang auf der Straße gelebt, bevor sie eingefangen und nach Deutschland zu Familie Braun vermittelt wurde. Von Anfang an verstand sie sich gut mit dem sechsjährigen Schäferhundrüden Bruno. Lediglich wenn Futter im Spiel ist, gibt es zwischen den beiden Hunden Streit. Bruno frisst sehr schnell und ist in der Regel vor Gina fertig. Sobald er sich dann interessiert dem Napf nähert, fängt Gina an zu knurren. Auch wenn beide Hunde einen Kauknochen bekommen, darf sich Bruno Gina nicht nähern. Als sie eines Tages den Kauknochen nicht aufgegessen, sondern unter ihrer Decke versteckt hat, schießt sie attackierend auf Bruno zu, als dieser sich zu ihr auf die Decke legen will.

Der Blick von Ronja ist unmissverständlich: „Die Beute gehört mir und komm mir ja nicht zu nahe."

Management
Familie Braun muss die beiden Hunde bei der Fütterung ab sofort räumlich trennen. Jeder Hund wird in einer Ecke der Küche gefüttert. Frau Braun bleibt zwischen beiden Hunden stehen. Ist Bruno fertig, schickt sie ihn auf die Decke. So verhindert sie zum einen weitere Auseinandersetzungen, zum anderen zeigt sie Gina, dass diese ihr vertrauen kann, sie regelt die Unklarheiten unter den Hunden. Kauknochen bekommen die Hunde nur, wenn sie auf ihrem Platz liegen. Dabei werden sie angeleint. Erst wenn beide Hunde aufgefressen haben, dürfen sie wieder frei laufen. Frisst einer der Hunde den Kauknochen nicht auf, nimmt Frau Braun ihn weg. Zudem trainiert Frau Braun mit den Hunden, dass sie über den Zugriff von Ressourcen entscheidet. Futter steht niemals zur freien Verfügung herum. Frau Braun gibt zu-nächst beiden Hunden einen Kauknochen und nimmt ihnen diesen nach einiger Zeit ab. Die Hunde lernen, dass sie über die Zuteilung entscheidet. Im nächsten Schritt bekommt nur einer der Hunde einen Kauknochen. Will sich der andere Hund annähern, wird er von Frau Braun weggeschickt.
Bei unseren Haushunden ist diese Form von Aggression wohl eher sozial motiviert, da eine Nahrungsknappheit kaum vorkommt. Vielmehr ist Futter oftmals ständig zur Verfügung, in jedem Fall gibt es regelmäßig, häufig auf die Minute genau, ein Futterangebot.

Futtermotivierte Aggression gegenüber dem Menschen

Futtermotivierte Aggression gegenüber Menschen ist in der Regel ebenfalls sozial motivierte Aggression, denn keiner unserer Haushunde muss wirklich Hunger leiden. Daher gehört zu dieser Aggressionsform ebenfalls Aggression bezüglich nicht essbarer Beute wie z. B. bezüglich eines Spielzeuges.

AUS DER PRAXIS – Die Beute gehört mir!

Die Deutsche Schäferhündin Sina hat großen Spaß an Beutespielen. Dabei ist es egal, ob es sich um ein Spielzeug wie z. B. einen Ball, einen Futterbeutel oder aber einen Kauknochen handelt. Sobald Herr Pruch einen Gegenstand in die Hand nimmt, ist Sina da. Sie springt an ihm hoch, bellt ihn an, stupst ihm an den Arm. Dieses Verhalten zeigt sie so lange, bis Herr Pruch den Gegenstand wirft. Sina rennt begeistert hinterher und schnappt sich die Beute. Damit endet dann das gemeinsame Spiel, denn die Hündin gibt die Beute nicht mehr ab. Sie rennt immer wieder in Richtung von Herrn Pruch, dreht aber kurz vorher ab und läuft wieder weg. Bekommt Herr Pruch durch Zufall die Beute zu fassen, lässt Sina nicht los. Oft fängt sie dabei sogar an zu knurren. Manchmal lässt Sina die Beute auf den Boden fallen und stellt oder legt sich darüber. Wenn sich Herr Pruch ihr in diesem Augenblick nähert, schießt sie attackierend auf ihn zu. Beim letzten Mal hat sie ihn dabei an der Hose gepackt, so dass diese zerrissen ist. Dieses Verhalten zeigt Sina aber nicht nur mit Gegenständen, die Herr Pruch für sie wirft. Alles, was auf

Futtermotivierte Aggression

den Boden fällt, „gehört" ihr, dabei ist es egal, ob es sich um ein Stück Brot vom Esstisch oder aber den Kugelschreiber vom Schreibtisch handelt. Sie versucht auch ständig Dinge, die auf dem Wohnzimmertisch oder der Küche liegen, zu klauen.

Maßnahmen

Sina nutzt Beute, um ihren sozialen Status darzustellen. Daher sollte zunächst einmal weder Futter noch Spielzeug frei zugänglich sein. Die Küche wird geschlossen. Sina sollte sich auch nicht mehr in der Nähe des Tisches aufhalten, sie bekommt einen neuen Liegeplatz weit entfernt vom Esstisch zugewiesen, auf dem sie anfangs durch eine Leine gesichert wird. Zudem versucht Sina über das Klauen von Gegenständen Aufmerksamkeit zu erlangen. Bei ungefährlichen geklauten Dingen soll Familie Pruch daher nicht mehr reagieren, sowie generell Aufmerksamkeit forderndes Verhalten der Hündin ignorieren. Parallel dazu wird das Abgeben eines Gegenstandes über ein Tauschgeschäft trainiert (siehe S. 122). Sina wird nur noch aus der Hand gefüttert, sie wird geistig und körperlich durch ein Apportiertraining ausgelastet. Nach einiger Zeit verhält sich die Hündin kaum noch körperlich gegenüber den Familienmitgliedern. Sie gibt Futter und Beute für ein Tauschgeschäft ab. Nun baut Herr Pruch mit Sina noch ein Tabu auf. Er wählt dafür allerdings nicht das Verhalten „Klauen von Beute", sondern ein anderes Vergehen, dass für Sina emotional nicht so belegt ist. Dazu lässt er nun die Küchentür offen. Sina darf ab sofort die Küche auch bei geöffneter Tür nicht mehr betreten. Als sie es dennoch versucht, wird sie von Herrn Pruch mit einem energischen Schritt frontal in ihre Richtung korrigiert. Da Sina gut auf diese Korrektur reagiert – sie zeigt sofort beschwichtigendes Verhalten und bricht die Handlung ab – nutzt Herr Pruch das Tabu nun auch, wenn ihm ein Gegenstand herunterfällt. Dazu muss er jedoch schnell sein, hat Sina den Gegenstand bereits, ist es für ein Tabu zu spät, so dass er hier wieder auf ein Tauschgeschäft ausweicht. Ebenso wird das Klauen von Gegenständen durch ein Tabu korrigiert. Da Sina auch aggressives Verhalten zeigt, wenn sich jemand dem gefüllten Futternapf nähert, wird nun noch folgendes Training durchgeführt. Sina wird ein leerer Napf auf den Boden gestellt. Hierbei handelt es sich nicht um den Napf, aus dem sie sonst immer Futter bekommt, sondern um einen neuen Napf. Mit diesem Napf hat Sina weder Besitz noch aggressives Verhalten verbunden. Herr Pruch nimmt nun immer einige Brocken in die Hand, geht auf den Napf am Boden zu und wirft etwas Futter hinein. Sina muss währenddessen sitzenbleiben, auf ein Signal von Herrn Pruch hin darft sie zum Napf und das Futter fressen. Diese Übung wird mehrmals wiederholt, Sina bekommt immer nur wenige Brocken Futter. Im nächsten Schritt bleibt Herr Pruch neben dem Napf stehen, wenn Sina das Futter fressen darf. Er füllt dann, während sie frisst, weitere Brocken Futter in den Napf. Sina lernt dadurch, dass die Annäherung von Herrn Pruch an den Napf etwas Positives bedeutet, nämlich noch mehr Futter.

Futtermotivierte, offensive Aggression. Die Nase wird kraus gezogen, die Mundwinkel sind rund.

Das Tauschgeschäft

Das Signal „Aus“ soll für den Hund bedeuten: „Spuck das, was du gerade in der Schnauze hast, sofort aus“, bzw. „Gib mir das, was du gerade in der Schnauze hast, sofort her“.
Aus Sicht des Hundes ist das Hergeben einer „Beute“ im ersten Schritt gänzlich unlogisch und sinnlos. Warum sollte man etwas Spannendes einfach so herausrücken? Also braucht es einen guten Grund, das herzugeben, was man gerade erobert hat. Und da bietet sich ein Tauschgeschäft geradezu an.

Aufbau des Trainings

Der Hund sollte zunächst ein Spielzeug bekommen, das ihn zwar interessiert, jedoch nicht gerade sein absolutes Tageshighlight darstellt. Nachdem er sich nun eine kurze Phase von ca. einer Minute damit beschäftigt hat, kann das Tauschgeschäft beginnen. Man gibt ihm ruhig und keinesfalls bedrohlich oder schroff, denn das würde nur unnötig Anspannung in die Situation bringen, das Signal „Aus“. Noch bevor er aktiv eine Entscheidung treffen kann, hält man ihm schon etwas viel Spannenderes oder noch viel Schmackhafteres vor die Nase. Lässt der Hund das Spielzeug, mit dem er sich gerade beschäftigt, los, wird er verbal gelobt und darf das Futterstück fressen bzw. er bekommt nun das noch viel spannendere Spielzeug.
Wie bei anderen Übungen auch, steigert man nun die Reize in angemessenen Teilschritten, so dass es für den Hund vollkommen normal wird, „Beute“ wieder auszulassen.
Diese Tauschgeschäfte sollten von Beginn an im Zusammenleben mit dem Hund stattfinden. Ganz gleich, ob Welpe oder erwachsener Hund, denn das entspannt die Situation im Wettstreit um die Ressource „Beute“ ungemein. Und hat der Hund einmal etwas für ihn Gefährliches auf dem Spaziergang gefunden, kann man ihm durch ein Tauschgeschäft alles abnehmen. Das hat schon manchem Hund das Leben gerettet.

Von Beginn an sollte man seinem Hund beibringen, „Beute“ auszugeben.

Training bei futtermotivierter Aggression

- Entzug von Privilegien: z. B. erhöhter Liegeplatz; freier Zugang zu Ressourcen wie Futter oder Spielzeug
- Konsequentes und souveränes Verhalten des Menschen im Alltag: Der Mensch entscheidet, wann Kontakt erwünscht ist und wann nicht, er buhlt nicht um die Aufmerksamkeit des Hundes, sondern ignoriert diesen häufig.
- Geistige und körperliche Auslastung des Hundes
- Übernahme der Regelung von Konflikten bei der Haltung mehrerer Hunde
- Übernahme der Zuteilung von Ressourcen bei der Haltung mehrerer Hunde
- Aufbau Signal „Aus“ über ein Tauschgeschäft
- Korrektur über ein Tabu in einer für den Hund emotional nicht belasteten Situation (siehe S. 100)

Angst und Stress – Verteidigung zum Selbstschutz

Die Grenze, ab der sich ein Hund selbst verteidigen „muss", der Grad, wie stark eine Verunsicherung ist, die Toleranz einer Reizverarbeitung, ab der sich ein Tier selbst verteidigt, hat verschiedene Ursachen und hängt eng mit der individuellen Geschichte, der Rasse, dem Umfeld und der „Persönlichkeit" eines Hundes zusammen.
Aus menschlicher Sicht verteidigt man sich, wenn das eigene Leben oder der eigene Besitz in Gefahr ist, wenn man sich in die Enge getrieben fühlt oder sich in ausweglosen Situationen befindet. Auch wenn Reize nicht verarbeitet werden können oder aus Angst vor Schmerzen erfolgt eine defensive Aggression.

Das Gefühl von Angst

Angst ist für uns Menschen ein Gefühl, das zum Leben gehört. Wir haben entweder Angst vor einer bereits eingetretenen oder zu erwartenden Gefahr, Angst um einen anderen Menschen oder etwa eine undefinierbare Angst. Sie entsteht immer dann, wenn man sich in einer Situation befindet, in der man lieber nicht sein möchte, aber keine Möglichkeit hat sich zu entziehen. Angst hat zwei Aspekte: Sie kann aktivieren oder lähmen. Fight or Flight…
Angst gehört auch in das Leben des jungen wie des erwachsenen Hundes. Sie veranlasst vorsichtig zu sein; sie ist ein Signal und eine Warnung bei Gefahren. Ein Hund ohne Angst zeigt keinen Selbstschutzreflex und würde in der Natur nicht überleben können.

Füchschen legt die Ohren weit zurück, die Maulwinkel sind weit nach hinten gezogen und die Pupillen groß – alles Anzeichen für Stress.

Info

Definition von Angst und Furcht

Angst ist ein Begriff, der oft umgangssprachlich gebraucht wird. Genau genommen müsste man in den meisten Fällen von Furcht sprechen, denn Furcht bezeichnet eine spezifische Angst vor einem bestimmten Objekt oder Subjekt (Meyers Lexikonredaktion, 1989). Der Hund fürchtet sich also vor dem schreienden Mann, vor der Holzbrücke etc. Von Angst spricht man dagegen bei diffusen Situationen, die nicht genau eingeordnet werden können. Sie stellen eine unbestimmte Bedrohung dar, sind in gewisser Weise undurchschaubar, Angst vor Erdbeben oder Gewitter beispielsweise. Gerade weil der Begriff „Angst" im Alltag oft als Synonym für „Furcht" verwendet wird, schließen wir uns dieser umgangssprachlichen Formulierung an.

Beispiel: Der Welpentest

Bei einem Welpentest werden die sechs Wochen alten Welpen auf einen ihnen unbekannten Tisch gesetzt und ihr Verhalten genau beobachtet. Der erste Welpe bleibt zum Beispiel wie eingefroren in der Mitte des Tisches sitzen, die Angst vor der neuen Situation lähmt ihn vollständig. Der zweite Welpe wartet einen kurzen Augenblick ab, danach fängt er langsam an sich zu bewegen und erkundet den Tisch. Er geht vorsichtig bis zum Rand und wendet sich dann wieder in Richtung Tischmitte. Der dritte Welpe zeigt beim Absetzen auf den Tisch keinerlei beeindrucktes Verhalten. Er fängt sofort aufgeregt an, den Tisch zu erkunden. Dabei bewegt er sich schnell über die Tischplatte, so dass er die Kante kaum wahrnimmt. Hätte ihn der Welpentester nicht aufgefangen, wäre er vom hohen Tisch gefallen und hätte sich mit absoluter Sicherheit schwer verletzt.

Für einen Welpen sind die Entwicklungsphasen, in denen er Angstverhalten zeigt, also überlebenswichtig. Angst ist somit biologisch funktional bis zu einem gewissen Grad lebensnotwendig und kann Leben retten. Erst wenn sie überhand nimmt, schränkt sie ein und wird zum Problem.

Reaktion auf Angstzustände

Angst ist auch bei Hunden ein emotionaler Zustand, der auftritt, wenn der Hund sich bedroht fühlt, wenn er Angst vor einer Sache oder einem Menschen bzw. Artgenossen hat, wenn er Angst vor dem Verlust einer Ressource oder eines Privilegs hat. Verhaltensweisen, die aufgrund von Angst vom Hund gezeigt werden:

- Weglaufen
- Erstarren
- Beschwichtigungsverhalten
- Angriffsverhalten (aggressive Form der Angstbewältigung)

Wie der Hund auf Angstzustände reagiert, hängt von verschiedenen Faktoren ab. Eine Rolle spielen hierbei z. B. die Ausprägung der Angst, die bisherigen Erfahrungen des Hundes sowie der jeweilige momentane emotionale Zustand des Hundes. Je nachdem, ob es sich bei der Angst um eine Beunruhigung, eine Unsicherheit oder eine Panik handelt, wird der Hund eine der hier erwähnten Verhaltensweisen zeigen.

Hauptauslöser für aggressives Verhalten
Angst ist einer der Hauptauslöser für aggressives Verhalten. Hierbei spielen zwei Distanzen eine Rolle:
Fluchtdistanz: Der Mindestabstand, den ein Hund zu einem anderen ihn bedrohenden Lebewesen einhält, ohne dass er vor dem möglichen Angreifer flieht. Wird diese unterschritten, flieht der Hund.
Kritische Distanz: Der Mindestabstand, den ein Hund vor einem ihn bedrohenden Lebewesen einhält, bevor es sich zum Angriff entscheidet. Kann der Hund nicht fliehen, weil er z. B. angebunden ist oder in eine Ecke gedrängt wurde, erfolgt der Angriff.

Dieser angebundene Hund fühlt sich bedroht und etwas unsicher.

Ursachen für aggressive Reaktionen aufgrund von Angst

- Schlechte Prägung
  Beispiel: Bei einem Welpen, der in einer Scheune ohne Umweltreize aufgewachsen ist, kann es zu einem Reizverarbeitungsproblem kommen, wenn er an einen Halter in einer Großstadt verkauft wird. Er wird Angst vor einer Vielzahl an Reizen zeigen und diesen z.T. mit aggressivem Verhalten begegnen.
- Schlechte Erfahrung/Trauma/Phobie
  Beispiel: Ein junger Hund, der von hinten von mehreren Hunden attackiert wurde, hat nun Angst vor Hunden, die sich von hinten nähern.
- Genetisch bedingte Ängstlichkeit, die durch unseriöse Zuchtbedingungen noch verstärkt werden
  Beispiel: Wird mit sehr sensiblen, geräuschempfindlichen Hunden gezüchtet, führt dies in der Regel sowohl durch die genetische Veranlagung als auch durch Lernerfahrung anhand des Elternverhaltens zu ebensolchen Welpen.
- Ausweglosigkeit, Bedrohung
  Beispiel: Ein unsicherer Hund, der sich in eine Ecke zurückgezogen hat, fühlt sich von Fremden bedroht und eingeengt. Da er nicht mehr fliehen kann, bleibt ihm nur der Weg nach vorne, er wird angreifen.

Diese Hündin ist unsicher und reagiert aggressiv. Der Nasenrücken wird nach oben gezogen, die Körperhaltung ist leicht geduckt.

Offensiv aggresives Verhalten mit nach vorne geneigtem Körper.

Angriff zum Selbstschutz

Verhält sich ein Hund aus Angst oder Unsicherheit heraus aggressiv, ist dies ein Selbstschutzverhalten. Die Grenze, an der sich ein Individuum für einen Angriff entscheidet, ist sehr variabel und hängt mit den Ursachen der Angst, dem Umfeld des Hundes und seinen bisherigen Erfahrungen zusammen. Wenn durch ein defensives Drohen des Hundes die Bedrohung nicht abnimmt, können Angst-Aggressionen in Form von Attacken folgen. Hierbei stößt der Hund nach vorne und zieht sich dann sofort wieder zurück. Dies kann mehrmals geschehen. Wenn durch solche Attacken die Bedrohungen für den Hund nicht abnehmen, wird er in ähnlichen Situationen eher Angst-Aggressionen in Form dieser Attacken zeigen, gegebenenfalls auch ohne Vorstufen. Hier herrscht das Motto: „Angriff ist die beste Verteidigung!“

Bei einem angst-aggressiven Hund ist der wichtigste Schritt, den Hund zunächst einmal nicht weiter zu bedrängen sowie den Angst machenden Faktor zu entfernen. Ist dieser nicht genau bekannt, muss als erstes analysiert werden, was genau die Angst und die darauf folgende Aggression ausgelöst hat. Erst dann kann eine Therapie beginnen, diese wird den Rahmenbedingungen einer Angsttherapie folgen. Dafür muss der angstauslösende Reiz zunächst einmal gemieden werden. Der Hund darf keinen weiteren Erfolg über aggressives Verhalten haben. Es erfolgt dann eine schrittweise Annäherung an den Reiz mithilfe eines Trainings, das der Hund als angenehm empfindet. Dies kann eine einfache Suche nach Futterstücken oder aber ein Apportierspiel sein. Der Hund muss den Reiz zwar wahrnehmen, darf aber nicht so weit beunruhigt sein, dass er nicht mehr mitarbeiten kann bzw. erneut eine aggressive Reaktion zeigt.

Info

Merkmale von Angst

- Große Augen
- Weit geöffnete Pupillen
- Augen weiß sichtbar
- Augen schlitzartig verengt
- Vorstoßen und Zurückgehen
- In die Luft beißen
- Um sich beißen

Nele und Finch genießen gemeinsam die Pause.

Schmerzbedingte Aggression

Aggression, die als Reaktion auf Schmerzen auftritt, kann am ehesten mit einer Affekthandlung verglichen werden. Sie kann gerichtet oder auch ungerichtet sein und dient immer der Schadensvermeidung.
Ursachen:

> Schmerzempfindung aufgrund von Verletzung, Behinderung, Unfall, Krankheit
> Alter

Ein Hund, der unter einer Hüftgelenksdysplasie leidet, kann beim Spiel mit einem anderen Hund Schmerzen empfinden und daraufhin das Spiel mit einer defensiven Aggression abbrechen. Die Ursache der Schmerzen muss in diesem Fall tierärztlich abgeklärt werden. Eine Behandlung muss so weit es möglich ist, durchgeführt werden, damit der Hund wieder schmerzfrei mit anderen Hunden agieren kann. Sollte eine Behandlung nicht möglich sein, kann gegebenenfalls über Schmerzmittel eine Verbesserung erreicht werden. Ist dies nicht möglich, da eine dauerhafte Gabe von Schmerzmitteln nicht anzuraten ist, muss die Situation, die Schmerzen beim Hund auslöst, in Zukunft gemieden werden.

Info

Symptome bei akutem Stress

> Erhöhter Herzschlag
> Erhöhter Blutdruck
> Hecheln
> Zittern
> Speichelbildung
> Hektisches Um-sich-Schauen

Stress

„Stress ist ein sehr weit gefasster Begriff. Zum einen können die unterschiedlichsten Objekte, Subjekte oder Situationen als Stressfaktoren bezeichnet werden. Stress, den die Umwelt verursacht sind beispielsweise Gewitter oder Verkehrslärm. Sogenannte Soziostressoren entstehen aus dem sozialen Bereich, also aus allem, was das Zusammenleben von Hunden mit ihresgleichen oder artfremden angeht.
Diese beiden Gründe sind wohl die häufigsten Ursachen für Stress beim Hund." (Rütter, Angst bei Hunden)

Akuter Stress

Akuter Stress ist eine kurzfristige aktive Anpassung an eine Situation, die den Organismus nicht schädigt. Er bewirkt eine Reaktion im Körper, bei der verschiedene Systeme (nervöse und hormonelle Vorgänge) beteiligt sind. Akuter Stress führt durch diese hormonellen und nervösen Veränderungen zu einer Anregung. Der Organismus versucht sich durch diese körperliche Reaktion der Situation anzupassen. Demnach hat akuter Stress keine schädigende Wirkung auf den Organismus. Er kann aber bei einer Überforderung innerhalb einer Situation zu aggressivem Verhalten führen. Meist ist dieses Verhalten ungerichtet.

Chronischer Stress

Bei chronischem Stress versucht der Organismus sich ebenfalls anzupassen, wenn der Stress aber nicht nachlässt, kann dies zu krankhaften Veränderungen im Organismus führen, denn chronischer Stress ermöglicht dem Organismus keine Anpassung. Tiere, die sich aktiv mit der Stress-Situation auseinandersetzen, aktivieren das Sympathikus-Nebennierenmark-System, was auf die Dauer zur Schädigung des Herz-Kreislauf-Systems führt. Hunde, die diese Form der Stressbewältigung zeigen, werden oft auch aggressiv auffällig. Wie stressig ein Hund eine Situation empfindet, hängt wie bei der Angst und dem Schmerz von verschiedenen Faktoren ab. Der äußere Faktor hängt davon ab, wie ein Hund etwas wahrnimmt (Sinneseindrücke) und von seiner Möglichkeit, diese Wahrnehmungen zu verarbeiten. Interne Faktoren sind seine genetische Disposition sowie seine früheren individuellen Erfahrungen und in welchem Zusammenhang sie standen.

Ursachen:

- Rassespezifische Reizempfänglichkeit
- Unterforderung
- Frustration
- Fehlende, unklare Sozialstruktur, daraus folgende Überforderung
- Fehlende Bindung
- Schlechte Prägung, mangelnde Sozialisation
- Trauma/Phobie

Die deutliche Faltenbildung ist ein Anzeichen für Stress.

Maßnahmen bei „Selbstschutz motivierter Aggression"

- Konsequentes und souveränes Verhalten des Menschen im Alltag
- Geistige und körperliche Auslastung des Hundes
- Die Ursache für die Aggression muss herausgefunden werden. (Angstauslösender Faktor, Schmerzen verursachende Beeinträchtigung, Stress auslösender Faktor). Zur Abklärung von Schmerzen ist ein Tierarzt aufzusuchen.
- Vermeidung der zur Aggression führenden Situation
- Angsttherapie – Annäherung an den angstauslösenden Reiz in kleinen Schritten, oder
- Schmerzbehandlung, oder
- Entfernen von Stress auslösenden Faktoren

1

2

Sicherheit vermitteln

Praxisbeispiel

Der sehr reizempfängliche, unsichere Dobermann-Rüde Benno, vier Jahre alt, wird von Herrn Bode an der Leine durch eine Siedlung geführt. Plötzlich kommt aus einer Seitenstraße ein Mofa um die Ecke. Er erschreckt sich, sein Herrchen ebenfalls.
Beim Wechseln auf die andere Straßenseite kommt eine Gruppe Fahrradfahrer auf die beiden zu, auf der anderen Seite blödeln Jugendliche. Der Hund ist schon sehr hektisch und weiß nicht, wohin er sich konzentrieren soll, bei einer ausladenden Bewegung eines Jugendlichen schnappt der Rüde in den Ärmel.

Training

1. **Schritt:** Es wird eine feste Liegestelle etabliert, da der Dobermann, wenn der Postbote kommt, ans Fenster rennt und die Fensterbank abräumt.

2. **Schritt:** Die Mensch-Hund-Beziehung wird in Kleinstschritten verändert. Der Hund soll mehr ignoriert werden. Es wird nun Prophylaxe betrieben, z. B. sollte der Hund, bevor der Postbote kommt, schon auf seiner Liegestelle festgemacht sein. Der Halter sollte aufmerksamkeitserheischendes Verhalten nicht beachten und wenn möglich nicht darauf eingehen.

3. **Schritt:** Der Hund darf nicht mehr allein in den Garten, denn dort hat er aufgepasst (gebellt), wenn er etwas gehört hat.

4. **Schritt:** Spaziergänge, die Stress für beide (Hund und Halter) bedeuten, sollten vermieden werden. Das heißt, Wege gehen, auf denen wenig los ist.

5. **Schritt:** Es werden vorbereitende Übungen gemacht, die später genutzt werden können, z. B. „Platz-Bleib" oder Apportieren mit dem Futterbeutel.

6. **Schritt:** Die ersten Übungen draußen werden konstruiert, beispielsweise lässt man als Ablenkung einen fremden Hund auf große Distanz

3

1) Dobermann Fred lernt die Grundkommandos ...

2) ... und gemeinsame Aktivitäten mit Dennis fördern die Beziehung.

2) Die lobende Hand von oben ist für ihn eine Bedrohung, er fühlt sich sichtlich unwohl.

erscheinen. Die sukzessive Approximation und Gegenkonditionierung (mit Futterbeutel/Apportiertraining) war für den Dobermann einfacher, um Scheinattacken zu vermeiden, da der Außenreiz denselben Abstand behielt. Trainiert wurde mit abgelegtem Hund, stehendem Hund und einem Kinderfahrrad ohne Kind.

7. Schritt: Gemeinsame Spaziergänge des Trainers mit dem Hundehalter, mit und ohne den Hund (ohne Hund, damit der Mensch mental üben kann, wie er sich in Situationen verhalten könnte), werden in unbekanntem Gebiet und im Wohnort des Halters gemacht.

Stress vermeiden

Stress verringert die Lernbereitschaft und die Aufnahmefähigkeit eines Hundes. Beim Training muss also auf die individuellen Stressfaktoren des einzelnen Hundes geachtet werden. Der Hund soll lernen, sich aktiv mit den belastenden Ereignissen auseinanderzusetzen, um sie so verarbeiten zu können (Coping-Strategie). Die Schwierigkeit beim Training ist, das richtige Maß zu finden.

Frustration – von unerfüllten Wünschen

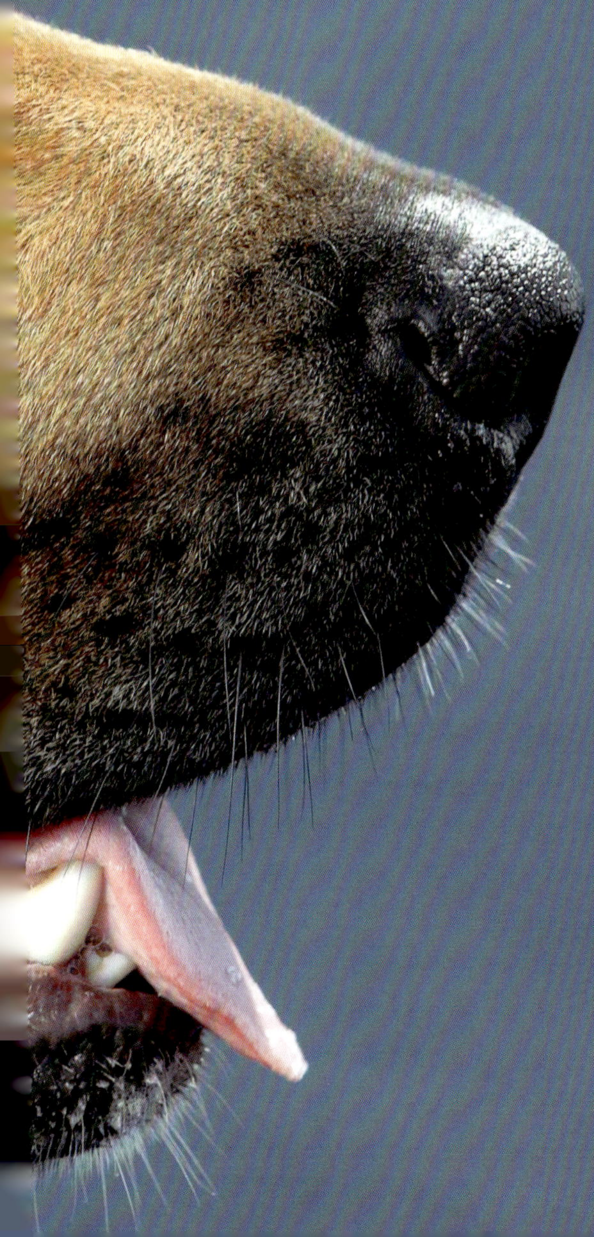

Frustrations-Aggressions-Hypothese – das Nicht-Erreichen von Zielen

Eine Frustration (lat. frustra = vergeblich) ist eine Wunschversagung. Frustration entsteht durch Ohnmacht oder durch das Nicht-Erreichen eines gesteckten Ziels aus inneren Gründen (Selbstüberschätzung) oder äußeren Gründen (Versagung von Wünschen) durch andere oder sich selbst.
Das Gefühl der Frustration kommt immer auf, wenn ein Lebewesen sich etwas wünscht oder ein Ziel setzt, es dann aber nicht erreicht. Sehr häufig folgt der Frustration eine Aggression. In der Psychologie spricht man von der Frustrations-Aggressions-Hypothese.
Eine gegen andere gerichtete Aggression muss nicht zwingende Folge einer Frustration sein. Es sind auch andere Reaktionen möglich, wie z. B. eine Autoaggression oder auch erneute Anstrengungen, das gesetzte Ziel zu erreichen.
Milde und vorübergehende Frustrationserfahrungen werden durchaus auch gezielt gesucht, da deren Überwindung ein wichtiger Bestandteil eines Erfolgserlebnisses ist.
Beispiel: Rätsel aller Art frustrieren meist zunächst, bevor ihre Lösung gelingt; dennoch ist Rätsellösen eine beliebte Freizeitbeschäftigung. Hunden Aufgaben zu stellen, die sie nicht sofort und unmittelbar lösen können, jedoch nach einigen Versuchen bzw. durch gezieltes Training bewältigen, führt dazu, dass sie hierüber ihr Selbstbewusstsein durchaus steigern können.

Entstehen einer Frustration

Wird eine beabsichtigte Handlung unterbrochen bzw. verhindert, entsteht eine Frustration. Diese kann bei Hunden z. B. entstehen, wenn sie aufgrund einer fehlenden oder unklaren Sozialstruktur mit Situationen überfordert sind. Ebenso können Hunde, die sich durch die Leine in ihrem Verhalten eingeschränkt fühlen, zu Frustration neigen. Hunde, die es gewohnt sind, im Wohnbereich immer hinter ihren Haltern herzulaufen, können frustriert werden, wenn ihnen durch den Halter plötzlich die Tür vor der Nase zugemacht wird.

Gründe für Frustrationen

- Ungenügende Reize in der Prägephase
- Mangelnde, fehlgeleitete Sozialisation
- Genetisch bedingte niedrige Frustrationstoleranz
- Der Hund hat nie gelernt, mit Frustration umzugehen
- Auf Forderungen des Hundes wurde immer eingegangen
- Ungenügende Möglichkeit zum Ausleben der genetisch bedingten Bedürfnisse
- Ungenügende Möglichkeit zum Ausleben sexueller Bedürfnisse

Aufforderndes Bellen eines Golden Retrievers.

Aggressionsauslöser – sozial, territorial, sexuell, jagdlich

Aggression durch soziale Frustration

Hunde sind soziale Lebewesen, sie müssen in einer sozialen Gemeinschaft leben. Werden sie hiervon ausgeschlossen, kann dies zu einer Frustrationsaggression führen. Diese zeigt sich entweder in einer gegen den Halter gerichteten Aggression. Wird der Hund erneut weggesperrt oder wird er aus seiner Isolation befreit, zeigt ein solcher Hund oft aggressives Verhalten gegenüber diesem Menschen. Gerade wenn der Hund für einen längeren Zeitraum oder immer weggesperrt wird, äußert sich die Frustrationsaggression häufig in autoaggressivem Verhalten, der Hund leckt sich das Fell bis die Haut blutig wird oder beißt sich in die Pfoten.

Ursachen:
> Zwingerhaltung
> Ausschluss aus dem Rudel, z. B. in einem Zimmer eingesperrt sein
> Zu wenig bis kein Sozialkontakt

Autoaggression

Definition (griech.-lat.): Gegen sich selbst gerichtete Gewalt, z. B. bei Suizidversuchen, ausgelöst durch psychische Störungen wie Neurosen, Psychosen u.a. Autoaggression bei Hunden kann unter anderem entstehen, wenn der Hund unter chronischem Stress leidet, durch schlechte Prägung, Deprivationsstörungen, Erfahrungsentzug oder durch genetischen Defekt. Es kann auch verschiedene Auslöser geben. Bei chronischem Stress kann der Beginn schleichend sein oder sich durch ein einmaliges Ereignis entwickeln, bei dem der Hund nicht mehr in der Lage ist, die Situation zu verarbeiten. Bei genetischen Defekten muss man dann von einer Verhaltensstörung sprechen.

Hunde sind soziale Tiere, die Anschluss an ihre menschliche Familie brauchen und Kontakt zu Artgenossen.

Ursachen:
> Deprivationsstörung
> Schlechte Prägung
> Nicht artgerechte Haltung
> Trauma, Phobie
> Genetischer Defekt
> Unklare Sozialstruktur
> Überforderung
> Unterforderung
> Kontrollverlust
> Unfall, Verletzung
> Rassespezifische Reizempfänglichkeit, die zu Dauerstress führen kann

Kein Herankommen, außer man macht sich die Pfoten nass.

Symptome:

- Wundlecken
- Wundbeißen in Rute, Hinterläufe, Pfoten
- Krallen anknabbern bis zur Wundheit
- Anknurren eigener Körperteile
- Abbeißen von eigenen Körperteilen
- Interaktionen mit eigenen Körperteilen, als gehörten sie nicht dazu

Aggression durch territoriale Frustration

Bei territorialen Rassen, die ihr Territorialverhalten nicht ausleben können, kann durch den permanenten psychischen Stress eine Frustrationsaggression entstehen.
Für Hunde, die im Zwinger leben oder oft allein im Garten sind, gehören Passanten, Fahrradfahrer, Kinder, Hunde – sprich alles, was täglich vorbeikommt – zu permanenten Eindringlingen, die es zu verjagen gilt. Diese Situation kann zu einem Dauerstress werden, der zu einer Frustrationsaggression führen kann.

AUS DER PRAXIS – Kontrollfreak Benny

Ein sehr schönes Beispiel dazu ist Benny, vier Jahre alt, Mischlingsrüde, kastriert, der seit einem halben Jahr bei seiner neuen Familie ist. Wenn Besuch kommt, stürmt er zur Tür, bellt, hört nicht auf, lässt sich nicht ansprechen, sieht nur noch den „Eindringling". Ist der Besuch in der Wohnung, springt er ihn an. Sobald die Person sich etwas schneller bewegt, schnappt er oder deutet Schnappen ins Hosenbein bzw. den Fuß an. Benny legt sich oft in den Weg, an den Durchgang oder auf die Füße. Geht man durchs Haus, will er einen überholen. Benny ist sehr territorial veranlagt, er kotet und markiert auf erhöhten Stellen. Draußen läuft er vor und zieht an der Leine. Er übernimmt schnell die Verteidigung seines Reviers. Wird auf einer Wiese mit ihm trainiert und ein Mensch, den er vorher nicht sehen konnte, kommt vorbei, startet er Scheinattacken.

Für Benny sind vor allem Strukturen im Alltag sehr wichtig. Hierzu gehören eine feste Liegestelle zu Hause und am Arbeitsplatz und eine adäquate Besucherregelung. Weiterhin muss an der Leinenführigkeit von Benny gearbeitet werden. Die Lösungen im Alltag sind individuell auf Benny abgestimmt.

Benny ist ein echter Kontrollfreak –er legt sich ständig mitten in den Weg.

Alltagsstrukturen

1. Schritt: Eine Liegestelle und eine Box werden an strategisch unwichtigen Stellen aufgebaut. Dies führt bei Benny jedoch dazu, dass er verstärkt bewacht. Er läuft zwischen der Decke und den Menschen hin und her, kann sich nicht entspannt hinlegen, knurrt und bellt in der Box.
2. Schritt: Deshalb wird die Decke, auf der er liegen soll, so platziert, dass er etwas vom Geschehen mitbekommt, ohne belästigt zu werden.
3. Schritt: Strategische Liegestellen, die Benny sich selbst aussucht, werden ihm unbequem gemacht (siehe S. 50).
4. Schritt: Immer, wenn Benny im Haus sein Herrchen auf dem Weg in einen anderen Raum überholen will, läuft sie solange hin und her, bis er aufgibt und stehen oder liegen bleibt.

Besucherregelung

1. Schritt: Der Hundehalter holt mit dem angeleinten Benny den Besuch an der Haustür ab.
2. Schritt: Benny wird auf seiner Liegestelle angeleint, bevor der Besuch klingelt; der Hundehalter begrüßt den Besuch, der Hund wird dabei ignoriert.
3. Schritt: Parallel wird Benny in alltäglichen Situationen an eine Box gewöhnt (siehe S. 82).
4. Schritt: Die Box wird auch am Arbeitsplatz etabliert.
5. Schritt: Zu Hause bleibt Benny, wenn Besuch kommt, auf seiner Decke und verlässt seinen Platz nur auf Signal.

Leinenführigkeit
Auf der Straße bei Begegnungen mit einzelnen Menschen wird Benny durch Leinenführsequenzen hinter seinen Menschen gebracht. In statischen Situationen liegt Benny immer hinter dem Halter. Nach einem halben Jahr Training wird Benny im Haus nonverbal mit Fixieren auf seinen Platz verwiesen. Durch die oben beschriebenen Änderungen kann sich Benny zu Hause mittlerweile sehr gut entspannen.

Benny läuft an lockerer Leine und orientiert sich an Frank.

Aggression durch sexuelle Frustration

Stark sexuell orientierte Hunde, die ihre Sexualität nicht ausleben können bzw. für die jeder Hund ein potenzieller Gegner ist, reagieren oft aggressiv Geschlechtsgenossen gegenüber, da sich in ihnen über die Zeit eine Frustration aufgebaut hat.
Sexuelle Verhaltensmuster von stark sexuell ausgeprägten Hunden zeigen sich unter anderem in:

- Extremes Urinlecken
- Vermehrtes Zähneklappern
- Häufiges Markieren
- Extremes Scharren
- Penetrante, permanente Genital-/Analkontrolle
- Aufreiten auf Hündinnen auch außerhalb der Standhitze bzw. Läufigkeit

Aggression durch jagdliche Frustration

Hunde mit starker jagdlicher Veranlagung können zu Frustrationsaggression neigen, wenn sie von der Ausführung des Jagdverhaltens abgehalten werden. Dies kann sich sowohl auf Artgenossen wie auch auf andere Sozialpartner wie den Menschen beziehen.

Frustrations- bzw. Aggressionsabbau innerhalb eines Rudels

Wird die soziale Ordnung eines Rudels gestört, kann es zu heftigen Ausbrüchen innerhalb der Gruppe kommen. Eine soziale Unordnung kann Aggressionen gegen Gruppenmitglieder auslösen, obwohl die Gruppe vorher sehr verträglich war.

Demon ist überfordert mit dieser Situation, seine Beine sind hinten eingeknickt.

Umgang mit „Frustrationsaggression"

Je nach Art der Frustration liegt der Schwerpunkt des Trainings auf der jeweils ursächlichen Problematik:

Bei sozialer Frustrationsaggression
> Konsequentes und souveränes Verhalten des Menschen im Alltag (siehe S. 38 ff.).

Bei territorialer Frustrationsaggression
> Übernahme der territorialen Verantwortung durch den Menschen: Begrüßen von Besuch, Abchecken neuer Territorien
> Abschalttraining, der Hund soll sich in kleinen Schritten an Reize gewöhnen.

Bei sexueller Frustrationsaggression
> Neben einer Veränderung der Strukturen im Alltag sollte über eine Kastration nachgedacht werden (siehe Kastrations-Chip, S. 89).

Bei jagdlicher Frustrationsaggression
> Bedürfnisbefriedigung entsprechend der jagdlichen Motivation des Hundes
> Konsequentes und souveränes Verhalten des Menschen im Alltag.

Generell gilt bei allen Formen der Frustrationsaggression
> Abschalttraining, der Hund soll sich in kleinen Schritten an Reize gewöhnen.
> Die Frustrationstoleranz kann zudem durch ein gezieltes Training beim Hund gesteigert werden.

Eddy darf nicht an das Spielzeug, das er unbedingt haben möchte.

Aufbau einer Frustrationstoleranz

Damit der Hund lernt, mit Frust umzugehen, kann man das Training so gestalten, dass er bei einer Aufgabe einen Fehler macht. Beim Erlernen von neuen Dingen wird das Training immer so aufgebaut, dass der Hund gar nicht erst einen Fehler machen kann, denn so wird die richtige Ausführung der Übung im Gehirn abgespeichert, ohne dass der Hund noch weitere Auswahlmöglichkeiten zur Verfügung hat. Passiert zu einem späteren Zeitpunkt doch einmal ein Fehler, ist dies nicht so schlimm, da die richtige Ausführung bereits sicher abgespeichert ist. Daher wird für das Training der Frustrationstoleranz eine dem Hund bereits bekannte Übung ausgewählt. Diese wird nun z. B. mit einer Verleitung oder aber einem ablenkenden Reiz so aufgebaut, dass er voraussichtlich einen Fehler machen muss. Dafür wird er nun natürlich nicht bestraft, die Übung wird einfach noch einmal gemacht. Anfangs wird die Übung nun einfacher gestaltet, so dass der Hund wieder Erfolg hat und belohnt werden kann, je besser er mit Frustration umgehen kann, wird die Übung auch mehrmals hintereinander in der gleichen Schwierigkeitsstufe wiederholt, so dass der Hund mehrmals hintereinander einen Fehler macht. Die Kunst beim Training besteht darin, dass der Hund rechtzeitig wieder Erfolg hat. Wird der Zeitpunkt überschritten, kann es zu einer Frustrationsaggression kommen, die ja gerade vermieden werden soll.

Krankhafte Formen von Aggression

Um alle Möglichkeiten von aggressivem Verhalten anzusprechen, soll abschließend kurz auf physiologische, neurologische bzw. genetische Störungen eingegangen werden. Unter diese Form der Aggression fallen z. B. Stoffwechselerkrankungen, genetische Defekte sowie Entwicklungsdefizite. Diese Formen der Aggression können teilweise nur medizinisch abgeklärt und behandelt werden.

Pathologische Aggressionen

Ein pathologisch aggressives Verhalten tritt häufig ohne erkennbaren externen Auslöser auf. Ist ein Auslöser vorhanden, wird aggressives Verhalten gezeigt, das der Situation nicht angemessen ist. Eine Krankheit, die sehr häufig bei Hunden vorkommt und zu spontanem und häufig unerklärlichem aggressivem Verhalten führt, ist die Hypothyreose, eine Schilddrüsenunterfunktion. Es gibt bereits viele Rassen, die davon betroffen sind, wie z. B. der Golden Retriever oder der Dobermann. Da die genetische Komponente hierbei vermutlich eine große Rolle spielt, sollte ein betroffener Hund nicht zur Zucht eingesetzt werden!
Aggression in Zusammenhang mit einer Schilddrüsenunterfunktion tritt in der Regel ohne einen erkennbaren Auslöser auf. Hat der Hund gestern noch freundlich die Verkäuferin der Bäckerei begrüßt, zeigt er am nächsten Tag plötzlich eine heftige aggressive Reaktion ihr gegenüber. Die Aggression ist dabei in der Regel unangemessen stark. Von einem Augenblick zum nächsten kann sich das Verhalten des Hundes zudem ändern, und er läuft z. B. wieder freundlich auf die Verkäuferin zu.
Eine Schilddrüsenunterfunktion kann relativ einfach durch eine Blutuntersuchung festgestellt werden. Der Hund bekommt Medikamente, die er in der Regel sein Leben lang einnehmen muss. Nach einer kurzen Phase, in welcher der Hund auf die richtige Menge eingestellt wird, zeigt er kein unerklärliches aggressives Verhalten mehr. Das Problem kann also mit Hilfe der Medikamente vollkommen eingestellt werden.

Eddy lernt, dass manche Dinge außerhalb seiner Reichweite liegen und man nicht immer seinen Kopf durchsetzen kann.

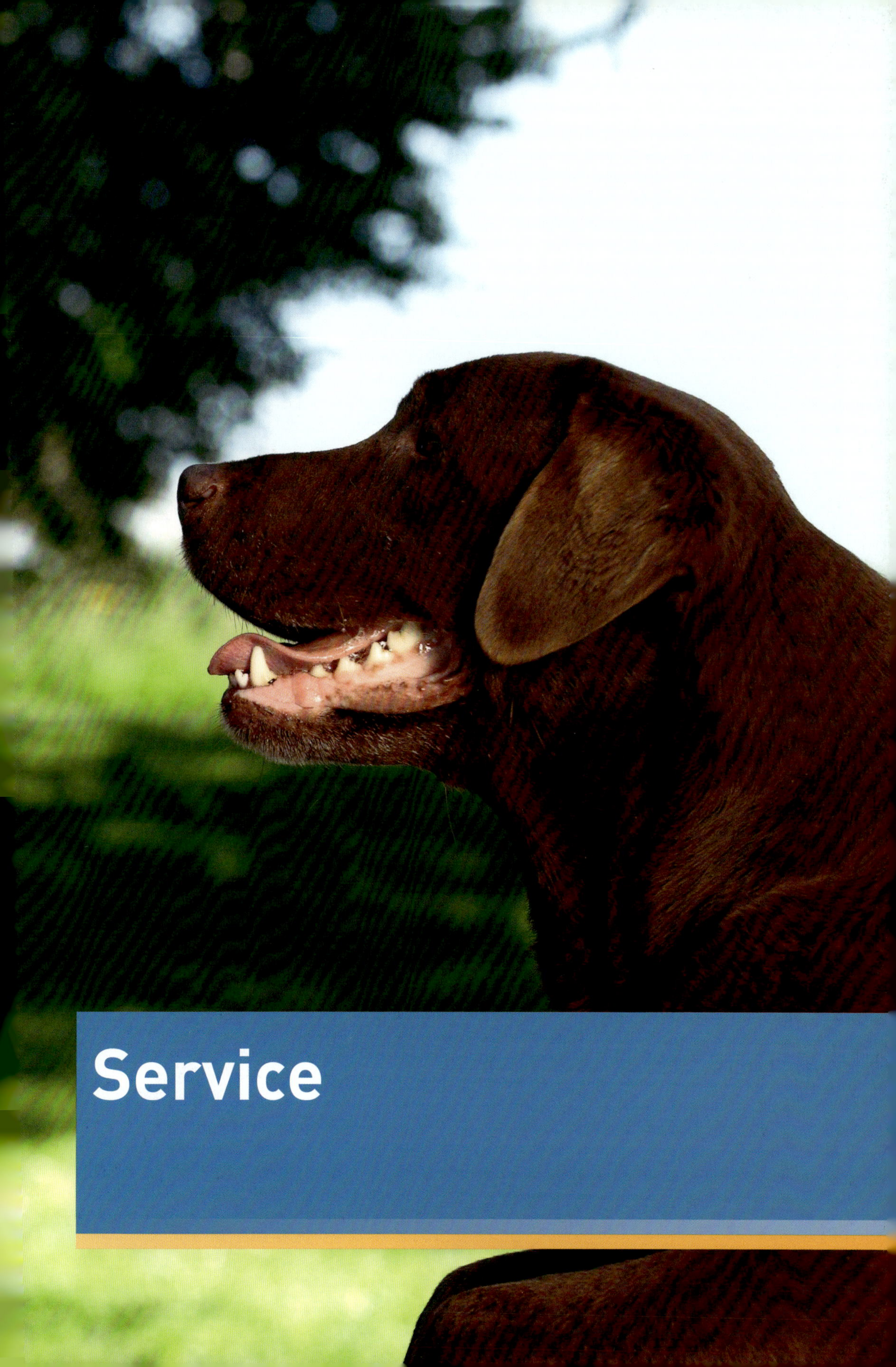

Service

Liebe Leser,

nachdem Sie nun das Buch gelesen haben, bin ich mir sicher, dass Sie für sich den richtigen Weg finden werden. Viele aggressive Verhaltensmuster Ihres Hundes sind Ihnen jetzt klarer und verständlicher. Nur SIE sind in der Lage, für sich zu bewerten, welche Trainingsschritte Sie für sich und Ihren Hund wählen werden. Vieles werden Sie nach diesem Buch selber üben und verbessern können. Ich bitte Sie aber inständig, aufrichtig ehrlich zu sich selbst zu sein, und im Zweifel bei ernsthaft aggressiven Verhaltensmustern Ihres Hundes zusätzlich gemeinsam mit einem Profi zu trainieren.

Ich wünsche Ihnen viel Erfolg und eine Verbesserung der Lebensqualität für Sie und Ihren Hund.

Herzlichst, Ihr

Die Autoren

Martin Rütter wollte eigentlich Sportreporter werden, doch die Liebe zu Hunden und das Interesse an ihrer Lebensweise brachten ihn auf einen anderen Weg. So gründete er 1992 sein „Zentrum für Menschen mit Hund", in dem er nach neuesten wissenschaftlichen Kenntnissen aus der Verhaltensforschung seine Philosophie D.O.G.S. (Dog Orientated Guiding System) aufbaute und bis heute weiterentwickelt. Mittlerweile gibt es in ganz Deutschland und in der Schweiz Hundeschulen, die nach D.O.G.S. arbeiten und in denen vor allem der Mensch im Vordergrund steht und mit seinen Problemen ernst genommen wird. Über 300.000 Mensch-Hund-Gespanne haben bereits von diesem Angebot profitiert. Doch ganz hat sich Martin Rütter nicht vom Entertainment verabschiedet, und es ist ein großes Erlebnis, ihn live auf seinen Tourneen zu erleben. Zudem setzt er sich in den Medien für eine bessere Mensch-Hund-Beziehung ein. In seiner TV-Sendung „Der Hundeprofi" hilft Deutschlands beliebtester Hundeexperte auch in schwierigen Fällen.

Andrea Buisman lebt in Erftstadt bei Köln mit vier Labrador Retrievern, mit denen sie aktiv die verschiedensten Beschäftigungsformen für Mensch und Hund ausübt. Hierzu zählen z. B. Agility, Apportiertraining, Jagdliches Training und Zughundesport. Sie ist seit 2003 im Team von Martin Rütter. Abgesehen von ihrem Spezialgebiet „Jagdverhalten" ist sie gefragte Referentin für Trainerfortbildungen zu weiteren Themen wie „Welpen" oder „Aggression bei Hunden". Sie bildet angehende D.O.G.S.-Coaches aus und ist für die fachliche Betreuung des Netzwerkes der D.O.G.S.-Zentren zuständig.

Danke

Danke an Andrea Buisman für das schnelle, zuverlässige Korrigieren, Gegenlesen und herzerfrischend ehrliche Kritisieren.
Danke Jeanette Przygoda für die Organisation und die Abwicklung des Fotoshootings.
Danke Melanie Grande für die geduldige und präzise Fotografie der Hunde.
Danke Hilke Heinemann, die personifizierte Geduld und Loyalität.
Danke an alle Hunde und Menschen, die bei diesem Buch mitgemacht haben.

Der größte Dank geht last but not least an MAOIAB.

Quellen

Aldington, Eric H. W. (2003): **Von der Seele des Hundes.** Gollwitzer Verlag

Askew, Henry R. (2003): **Behandlung von Verhaltensproblemen bei Hund und Katze.** Parey

Birbaumer, Schmidt (1991): **Biologische Psychologie.** Springer Verlag

Bloch, Günther (2004): **Der Wolf im Hundepelz.** Kosmos

Bloch, Günther (2001): **Der Familienbegleithund im modernen Hausstand.** Westkreuz Verlag

Böttinger, Bettina (Hrsg.) (2004a): **Eine Couch für alle Felle.** vgs

Böttinger, Bettina (Hrsg.) (2004b): **Eine Couch für alle Felle 2.** vgs

Drever, James; W.D. Fröhlich (1970): **Wörterbuch zur Psychologie.** Deutscher Taschenbuch Verlag

DTV-LEXIKON (1973): Band 7, Deutscher Taschenbuch Verlag

Eibl-Eibesfeldt, Irenäus (1999): **Grundriss der vergleichenden Verhaltensforschung.** Piper

Feddersen-Petersen, Dorit (2001): **Hunde und ihre Menschen.** Kosmos

Feddersen-Petersen, Dorit (2004): **Hundepsychologie.** Kosmos

Gansloßer, Udo (1998): **Säugetierverhalten.** Filander Verlag

Jones, Renate (2003): **Aggressionsverhalten bei Hunden.** Kosmos

Kusch, Carola (2004): **Die Hündin.** Kosmos

Linder, Hermann (1971): **Biologie.** Metzlersche J. B. Stuttgart,

Nijboer, Jan (2004): **Hunde verstehen mit Jan Nijboer.** Kosmos

O'Heare, James: **Das Aggressionsverhalten des Hundes.** animal learn

Örter, Montada (1987): **Entwicklungspsychologie.** Beltz

Schöning, Barbara (2008): **Hundeverhalten.** Kosmos

Trumler, Eberhard (2002): **Hunde ernst genommen.** Piper

Zimen, Eric (1992): **Der Hund.** Goldmann

Zimen, Eric (2003): **Der Wolf.** Kosmos

Nützliche Adressen

D.O.G.S.
Zentrum für Menschen mit Hund
www.ruetters-dogs.de

Fédération Cynologique
Internationale (FCI)
Place Albert 1er, 13
B – 6530 Thuin
Tel.: 0032 71 59 12 38
Fax: 0032 71 59 22 29
info@fci.be
www.fci.be

Verband für
das Deutsche Hundewesen (VDH)
Westfalendamm 174
D – 44041 Dortmund
Tel.: 0231 56 50 00
Fax: 0231 59 24 40
Info@vdh.de
www.vdh.de

Österreichischer Kynologenverband
(ÖKV)
Siegfried-Marcus-Str. 7
A – 2362 Biedermannsdorf
Tel.: 043 (0) 22 36 710 667
Fax: 043 (0) 22 36 710 667 30
office@oekv.at
www.oekv.at

Schweizerische Kynologische
Gesellschaft (SKG)
Länggassstr. 8
CH – 3001 Bern
Tel.: 031 306 62 62
Fax: 031 306 62 60
skg@hundeweb.org
www.hundeweb.org

Register

Bildnachweis

160 Farbfotos wurden von Melanie Grande / Kosmos für dieses Buch aufgenommen.

Impressum

Umschlaggestaltung von eStudio Calamar unter Verwendung von drei Farbfotos von Melanie Grande / Kosmos.

Mit 160 Farbfotos.

Alle Angaben in diesem Buch erfolgen nach bestem Wissen und Gewissen. Sorgfalt bei der Umsetzung ist indes dennoch geboten. Der Verlag und die Autoren übernehmen keinerlei Haftung für Personen-, Sach- oder Vermögensschäden, die aus der Anwendung der vorgestellten Materialien und Methoden entstehen könnten.

Unser gesamtes lieferbares Programm und viele weitere Informationen zu unseren Büchern, Spielen, Experimentierkästen, DVDs, Autoren und Aktivitäten finden Sie unter **kosmos.de**

Gedruckt auf chlorfrei gebleichtem Papier

ISBN 978-3-440-12421-5
Redaktion: Hilke Heinemann
Gestaltungskonzept: eStudio Calamar
Gestaltung und Satz: Atelier Krohmer, Dettingen
Produktion: Eva Schmidt
Printed in Germany / Imprimé en Allemagne

FSC
www.fsc.org
MIX
Papier aus verantwortungsvollen Quellen
FSC® C004592